# 黄土高原淤地坝
# 土壤碳氮循环

姚毓菲　魏孝荣　著

中国水利水电出版社
www.waterpub.com.cn
·北京·

# 内 容 提 要

　　淤地坝是黄土高原地区水土保持、淤地造田、改善交通、保护生态的重要工程措施。黄土高原广泛分布的淤地坝拦蓄了数量巨大的泥沙，不同形态的碳埋藏于深层土壤，使其通气性能变差、矿化分解降低，构成了重要的陆地系统碳汇。面对黄河流域生态保护与高质量发展的重大需求，在国家碳中和与碳达峰战略目标的指引下，本书系统研究了黄土高原淤地坝土壤不同组分碳氮分布特征及其空间异质性，解析了淤地坝土壤碳氮矿化过程及其影响因素，阐明了淤地坝土壤碳氮固持能力及其机理。本书的研究有利于拓展沉积环境土壤碳氮循环过程这一前沿领域，可以为黄土高原淤地坝碳汇功能及其可持续性的评估提供科学依据。

　　本书可供从事生态系统物质循环、土壤侵蚀、水土保持、生态学等专业的科研和管理人员阅读，也可作为相关专业研究生的参考书目。

## 图书在版编目（CIP）数据

　　黄土高原淤地坝土壤碳氮循环 / 姚毓菲，魏孝荣著
. -- 北京：中国水利水电出版社，2023.5
　　ISBN 978-7-5226-1489-2

　　Ⅰ．①黄… Ⅱ．①姚… ②魏… Ⅲ．①黄土高原－坝
地－土壤成分－碳循环－研究②黄土高原－坝地－土壤成
分－氮循环－研究 Ⅳ．①S153.6

中国国家版本馆CIP数据核字(2023)第070255号

| 书　　　名 | **黄土高原淤地坝土壤碳氮循环** HUANGTU GAOYUAN YUDIBA TURANG TAN DAN XUNHUAN |
|---|---|
| 作　　　者 | 姚毓菲　魏孝荣　著 |
| 出版发行 | 中国水利水电出版社 （北京市海淀区玉渊潭南路1号D座　100038） 网址：www.waterpub.com.cn E-mail：sales@mwr.gov.cn 电话：(010) 68545888（营销中心） |
| 经　　　售 | 北京科水图书销售有限公司 电话：(010) 68545874、63202643 全国各地新华书店和相关出版物销售网点 |
| 排　　　版 | 中国水利水电出版社微机排版中心 |
| 印　　　刷 | 天津嘉恒印务有限公司 |
| 规　　　格 | 170mm×240mm　16开本　10印张　196千字 |
| 版　　　次 | 2023年5月第1版　2023年5月第1次印刷 |
| 定　　　价 | **58.00元** |

# 前　言

　　黄土高原素有"千沟万壑"之称，特殊的自然条件和频繁的人类活动使其成为了世界上水土流失面积最广、土壤侵蚀强度最大的地区。黄土高原生态环境脆弱、人民生活贫困，严重制约了其生态屏障作用和经济建设发展。淤地坝是黄土高原地区人民群众在治理水土流失的长期实践中创造的一种行之有效的水土保持措施，发挥了拦沙减蚀、滞洪减灾、淤地增产、固碳等重要的生态系统服务功能，在黄河流域生态保护和促进区域经济发展方面取得了公认的效果。

　　土壤侵蚀是陆地表层碳循环过程的重要驱动力。由于侵蚀-搬运-沉积过程中碳转化的复杂性，土壤侵蚀与大气碳库源汇关系方面的研究结果存在很大的不确定性，可导致每年约10亿t的源或相当数量的汇，是陆地生态系统碳循环研究的前沿科学问题，与全球气候变化、区域植被恢复和水土环境质量密切相关。沉积是土壤侵蚀的关键过程之一。泥沙的沉积作用将不同形态的碳埋藏于深层土壤，通气性能变差，矿化分解降低，从而增强了沉积泥沙的碳汇功能。淤地坝拦蓄了上游侵蚀的泥沙，沉积埋藏的泥沙是重要的陆地生态系统碳汇。对淤地坝土壤碳氮循环的研究有利于拓展侵蚀驱动下沉积环境土壤碳氮循环过程这一前沿领域。

　　2019年9月，在黄河流域生态保护和高质量发展座谈会上，国家主席习近平语重心长地嘱托"让黄河成为造福人民的幸福河"，并指出"有条件的地方要大力建设旱作梯田、淤地坝等"。2020年9月22日，习近平主席在第七十五届联合国大会上宣布，中国力争2030年前二氧化碳排放达到峰值，努力争取2060年前实现碳中和目标。2023年1月3日，中共中央办公厅、国务院办公厅印发了《关于加强新时代水土保持工作的意见》，其中强调围绕水土保持碳汇能力加强基础研究和关键技术功能。对黄土高原淤地坝土壤碳氮循环过程的研究，可以为黄土高原淤地坝碳汇功能及其可持续性评估提供科学依据，是新时期水土保持碳汇能力评价的重要组成部分。

本书针对淤地坝沉积泥沙不同组分土壤碳氮分布特征及其空间异质性、土壤碳氮矿化动力学过程及其控制因素、土壤碳氮固持能力及其内在机理进行了系统研究。本书分为8章。第1章简介了淤地坝概况及其功能，第2章介绍了淤地坝土壤物理性质，第3章和第4章论述了淤地坝土壤碳氮含量及储量的分布特征及其空间异质性，第5章和第6章论述了淤地坝土壤碳氮组分的分布特征及影响因素，第7章和第8章论述了淤地坝土壤碳氮矿化动力学过程、控制因素和模型。

本书在策划、组稿、编辑和出版过程中，得到了邵明安研究员、宋进喜教授和其他许多领导、专家和学者的大力支持，得到了孔维波、赵中娜、王哲、秦鑫、宋钰和侯灵操等的大力配合，在此一并致以最诚挚的谢意！

本书中主要研究成果得到了国家自然科学基金青年科学基金项目"黄土丘陵区淤地坝沉积泥沙有机碳矿化及对溃坝扰动的响应机制"（项目编号42107344）、中国科学院战略性先导科技专项（B类）"侵蚀驱动的水碳氮耦合机理和模型模拟"（项目编号 XDB40000000）、中国博士后科学基金特别资助项目"黄土高原小流域侵蚀和植被恢复对土壤氮素迁移转化的影响机制"（项目编号 2021T140558）和西北大学"双一流"建设项目资助。在此对以上项目及资助单位表示衷心的感谢。

由于作者水平有限，书中难免存在不足之处，敬请各位专家及读者批评指正！

**作者**

2023 年 2 月

# 目 录

前言

# 第 1 章

# 黄土高原淤地坝概况及功能

## 1.1 黄土高原淤地坝的科学内涵

### 1.1.1 淤地坝的定义

　　黄土高原地区是我国乃至世界上土壤侵蚀最严重的地区之一，水土流失严重，生态环境脆弱。淤地坝是黄土高原地区人民群众首创的一项独特的水土保持工程措施（图 1-1）。淤地坝在不同出版物、专业名词字典和国家标准中定义相似。《中国水土保持》（唐克丽，2004）将淤地坝定义为：在沟壑中筑坝拦泥，巩固并抬高侵蚀基准面，减轻沟蚀，减少入河泥沙，变害为利，充分利用水沙资源的一项水土保持治沟工程措施。《淤地坝概论》（黄河上中游管理局，2005）将淤地坝定义为：在水土流失地区各级沟道中，以拦泥淤地为目的而修建的坝工建筑物，其拦泥淤成的地叫坝地。《水利科技名词》（水利科技名词审定委员会，1997）和《林学名词》（林学名词审定委员会，2016）将淤地坝定义为：横筑于沟道用以拦泥淤地的坝工建筑物。《土壤学名词》（土壤学名词审定委员会，1998）将淤地坝定义为：拦蓄流域侵蚀产沙物质并用于造田开发农地而修筑的坝库工程。《淤地坝技术规范》（SL/T 804—2020）将淤地坝定义为：在黄土高原水土流失区干、支、毛沟内为控制侵蚀、滞洪拦泥、淤地造田、减少入黄泥沙而修建的水土保持治理工程。《水土保持工程设计规范》（GB 51018—2014）将淤地坝定义为：在多泥沙沟道修建的以控制侵蚀、拦泥淤地、减少洪水和泥沙灾害为主要目的工程设施，其总库容不大于 500 万 $m^3$，坝高不大于 30m。《陕西省淤地坝技术（地方）标准》（陕 DB3446—86）将淤地坝定义为：在沟道里，为拦泥淤地、生产而修筑的工程。淤地坝这一名称直至 20 世纪 50 年代初才出现，在此之前称为横堰、囊淤坝、坝堰、留淤土坝、沟壑土坝等（艾开开，2019）。

### 1.1.2 淤地坝的分类和工程结构组成

　　淤地坝按坝体施工方法可分为碾压坝和水坠坝两大类。在《水土保持综合

1

（a）青海省互助土族自治县口子淤地坝

（b）甘肃省临洮县五脏沟淤地坝

（c）宁夏回族自治区海原县淤地坝

（d）内蒙古自治区准格尔旗安家渠淤地坝

（e）陕西省子洲县枣泉则淤地坝

（f）山西省娄烦县圪徐沟淤地坝

图1-1 黄土高原各地淤地坝景观

注：图片来自2020年和2021年黄河流域水土保持公报。

治理 技术规范—沟壑治理技术》（GB/T 16453.3—2008）中，根据坝高、库容、淤地坝面积等指标对淤地坝进行分级（表1-1），凡符合三项指标中任何一项就可以确定其级别。淤地坝分为大型淤地坝（水土保持治沟骨干坝）、中型淤地坝和小型淤地坝。

表1-1                              淤地坝分级指标

| 级别 | 坝高/m | 库容/万 m³ | 淤地面积/hm² |
|---|---|---|---|
| 大型 | ＞25 | 50～500 | ＞7 |
| 中型 | 15～25 | 10～50 | 2～7 |
| 小型 | 5～15 | 1～10 | 0.2～2 |

淤地坝主要建筑物为坝体、溢洪道和放水建筑物，以及与之相关的配套工程（图1-2）。根据集流面积、库容大小、流域水文条件等决定工程结构。控制流域面积较大的大型淤地坝，由坝体、溢洪道和放水建筑物等三部分组成；集流面积较小的中小型淤地坝，则由坝体和溢洪道或放水建筑物两部分组成。

图1-2　一个典型的淤地坝结构（杨媛媛，2021）

（1）坝体。主要坝型为黄土均质坝，有少量土石混合坝和石拱坝等。

（2）溢洪道。大部采用开敞式溢洪道或陡坡溢洪。个别采用挑流鼻坎或利用沟坡岩石层排洪水入支沟。也有的受地形、地质条件限制，在坝体背水坡砌护溢洪道排洪。

（3）放水建筑物。主要为无压涵洞、分级卧管，少量采用压力管道、竖井等。

### 1.1.3　淤地坝的起源和发展

黄土高原最早的淤地坝是山体滑塌自然形成的，塌方闸住山沟、截断河流、拦住泥水，形成天然拦泥坝，当时称为"聚湫"，距今已有400多年的历史。人工修筑淤地坝始于明代万历年间（1573—1619年）山西汾西一带。汾西知县毛炯体恤民情，"躬历山原，见洞河沟渠湿下处，淤漫成地，易于收获，高田值旱，可以抵租，向有勤民修筑"。根据《续行水金鉴》卷十一记载，清乾隆八年（1743年），陕西监察御史胡定在奏折中呈报"黄河之沙多出自三门以上及山西中条山一代涧中，请令地方官于涧口筑坝堰，水发，沙滞涧中，渐为平壤，可种秋麦"，促使淤地坝在清代中期以后的山西和陕西得到较大发展。民国时期，中国近代水利先驱李仪祉先生将淤地坝作为治理黄河方略设想的组成部分（李仪祉，1988）。在1925年《沟洫》一文中，李仪祉先生比较科学地阐释了淤地坝的修筑原理和技术，"要筑横堰也很容易，就用壑内之土，从壑口向上节节筑堰……所带之泥土，停留堰后，久而自平，等到淤平之后，可以堰上加堰，…，则壑可以逐渐淤高淤平"。1945年，黄河水利委员会批准关中水土保持试验区在西安荆峪沟流域修建了第一座试验性质的淤地坝。

中华人民共和国成立后，经过水利水保部门总结、示范和推广，淤地坝建设得到了快速发展。大体经历了四个阶段：20 世纪 50 年代的试验示范，60 年代的推广普及，70 年代的发展建设和 80 年代以来以治沟骨干工程为骨架、完善提高的坝系建设阶段。1953 年，黄河水利委员会在绥德建立韭园沟水土保持示范区，由上百座淤地坝组成的坝系陆续出现于黄土高原（艾开开，2019）。20 世纪 70 年代初，水坠法筑坝的试验成功，使得工效成倍提高、成本大幅度降低，从而使得淤地坝建设得到了迅速发展，形成了"沟沟打坝、坝坝水坠"的局面。在时任梁家河村支部书记习近平带领下建成的"知青淤地坝"即是这个时代的产物。从 1986 年黄河中游水土保持骨干坝列入国家基本建设项目以来，淤地坝建设逐步走上规范化建设的轨道。2003 年，淤地坝建设作为水利部三大"亮点工程"之一，备受社会各界的广泛关注。2004 年，水利部出台了《关于黄土高原地区淤地坝建设管理的指导意见》，其中明确了淤地坝建设以黄河中游多沙粗沙区为重点，按小流域坝系组织实施，并在工程布局、投入机制、运行管理等方面提出了具体要求。

习近平主席 2015 年在陕西省延川县梁家河调研时指出：淤地坝是流域综合治理的一种有效形式，既可以增加耕地面积、提高农业生产能力，又可以防止水土流失，要因地制宜推行。2019 年 9 月 18 日，习近平主席在黄河流域生态保护和高质量发展座谈会上明确要求，"中游要突出抓好水土保持和污染治理"，"有条件的地方要大力建设旱作梯田、淤地坝等"。2021 年 8 月 20 日，水利部、发展改革委印发《黄河流域淤地坝建设和坡耕地水土流失治理"十四五"实施方案》。2022 年 10 月 30 日颁布的《中华人民共和国黄河保护法》规定，国务院水行政主管部门应当会同国务院有关部门制定淤地坝建设、养护标准或者技术规范，健全淤地坝建设、管理、安全运行制度。2023 年 1 月 3 日，中共中央办公厅、国务院办公厅印发《关于加强新时代水土保持工作的意见》，其中强调"突出抓好黄河多沙粗沙区特别是粗泥沙集中来源区综合治理，大力开展黄土高原高标准淤地坝建设，加强病险淤地坝除险加固和老旧淤地坝提升改造"。2023 年中央一号文件《中共中央 国务院关于做好 2023 年全面推进乡村振兴重点工作的意见》强调"加强黄土高原淤地坝建设改造"。面对黄河流域生态保护的新形势，应建立起保持淤地坝发展的长效机制，使黄土高原淤地坝事业迎来又一个春天（陈祖煜等，2020）。

### 1.1.4　淤地坝和 check dam

淤地坝的英文翻译普遍采用 check dam。Check dam 是一种小型水利工程，广泛分布于全球不同区域，例如中国黄土高原、美国中西部、非洲的萨赫勒地带、日本、泰国、马来西亚、欧洲阿尔卑斯山脉沿线等地区（冯棋等，2019）（图 1-3）。Check dam 的修建与使用历史悠久，早在公元 2 世纪印度泰米尔纳德邦的 Cauvery 河上就修建 check dam 并使用至今（Agoramoorthy et al.，2008）。然而，我国淤地坝与国外 check dam 在建造规模和功能效益等方面存在一定区别。

（a）埃塞俄比亚西北部（Addisu et al.，2019）

（b）法国St Antoine地区（Piton et al.，2017）

（c）捷克共和国Malý Lipový地区（Galia et al.，2019）

（d）美国亚利桑那州（Polyakov et al.，2014）

（e）日本Kamo河（Itsukushima et al.，2019）

（f）突尼斯Matmata地区（Castelli et al.，2019）

（g）西班牙中部（Mongil-Manso et al.，2019）

（h）印度南部（Balooni et al.，2008）

图 1-3　世界各地 check dam 景观

在建造规模上，我国淤地坝比 check dam 规模大得多。我国淤地坝坝高通常大于 5m，坝高小于 5m 的称为谷坊。国外的淤地坝坝高通常小于 5m。例如，Nichols 等（2016）报道美国亚利桑那州 27 座 check dam 坝高在 0.15～0.60m；Mongil-Manso 等（2019）报道西班牙 Sierra de Ávila 山系 30 座 check dam 坝高平均为（2.64±0.91)m；Lenzi 等（2003）报道意大利 Maso di Spinelle 河流域 29 座 check dam 坝高平均为（2.51±0.64)m；Akita 等（2014）报道日本长野县、静冈县和青森县 10 座 check dam 坝高平均为（2.53±0.51)m。因此，国外的 check dam 在体量上与我国的谷坊类似。

在功能效益上，处于干旱、半干旱地区的 check dam 与我国黄土高原淤地坝的功能类似，主要用于土壤保持、径流条件改善、农产品供给等。但是由于其规模较小，不存在淤地造田的功能。国外处于湿润、半湿润地区的 check dam 主要用于急流控制、地下水补给和水质净化等。

（1）急流控制：在地形陡峭、河流落差大的地区，河流流速非常快，check dam 可以降低河道坡度、减缓水流流速、改变水流方向，同时也拦截迁移物质，减少了沉积物随急流迁移的负面影响。例如，Remaître 等（2008）在法国的研究表明，check dam 的修建使得最大水流落差从 5.95m 下降至 2.21m，最大流速由 1.58m/s 减小至 0.53m/s，泥石流总流量由 69 000m³ 下降至 33 000m³。

（2）地下水补给：check dam 可拦蓄地表径流，增加水与河床的接触时间，从而增加地下水补给。例如，Muralidharan（2007）在印度海得拉巴的研究发现，花岗岩地形的自然降雨补给量在 5%～8%，而修建 check dam 后的降雨补给量则在 27%～40%。Phochayavanich 等（2012）在泰国的研究发现，check dam 的修建延长了水体滞留时间，修建区域含水率相比非修建区域在干旱季节增加了 35%，在湿润季节增加了 25%。

（3）水质净化：在增加地下水补给的同时，这些水分的补给可以稀释污染物浓度、净化水质。例如，Bhagavan 等（2005）评估了印度安得拉邦的 check dam 稀释地下水中氟化物浓度的效用，地下水中氟化物的浓度为 1.6～3.5ppm，超过了该地点饮用水的允许限值（1.5ppm）；在含高氟地下水的地区上游修建了一座 check dam 后，氟化物浓度降低到了 1.5ppm，这对人体健康无害。在美国，check dam 常常修建在植草沟、排水沟中，用于减少径流中的泥沙和污染物（Marsh，2010）。

基于黄土高原淤地坝和 check dam 在规模大小和功能作用上的差异，有学者建议采用淤地坝汉语拼音"Yudiba dam"表达这类大量分布在黄土高原可在拦截泥沙、减少沟道侵蚀、增加耕地面积的水土保持工程措施，从而明确其与 check dam 的区别（信忠保等，2022）。

## 1.2　黄土高原淤地坝数量及空间分布

### 1.2.1　淤地坝现存数量及空间分布

　　根据黄河水利委员会发布的《黄河流域水土保持公报（2021年）》，青海、甘肃、宁夏、内蒙古、陕西、山西、河南7省（自治区）现有淤地坝56979座，其中大型坝（水土保持治沟骨干工程）6265座，中型坝10523座，小型坝40191座。陕西省和山西省淤地坝数量最多，分别为33079座和18140座，分别占黄土高原地区淤地坝总数的58%和32%。陕西省榆林市和延安市是淤地坝分布最集中的地区。根据2015年调查数据，黄河潼关以上地区46%的大型淤地坝和74%的中型淤地坝集中分布在榆林和延安两市（刘晓燕等，2017）。

表1-2　　　　2021年黄土高原地区分省（自治区）淤地坝建设情况　　　　单位：座

| 省（自治区） | 淤地坝数量/座 | | | |
|---|---|---|---|---|
| | 小计 | 大型 | 中型 | 小型 |
| 青海 | 665 | 168 | 124 | 373 |
| 甘肃 | 1492 | 557 | 345 | 590 |
| 宁夏 | 1104 | 335 | 369 | 400 |
| 内蒙古 | 2180 | 880 | 602 | 698 |
| 陕西 | 33079 | 3037 | 8089 | 21953 |
| 山西 | 18140 | 1186 | 828 | 16126 |
| 河南 | 319 | 102 | 166 | 51 |
| 合计 | 56979 | 6265 | 10523 | 40191 |

　　注　引自《黄河流域水土保持公报（2021年）》。

### 1.2.2　淤地坝数量及空间分布变化特征

　　黄土高原淤地坝建设基本始于20世纪50年代，1968—1976年和2004—2008年是淤地坝建设的两个高峰期，70%的大型淤地坝建成于1980年以后，但69%的中型淤地坝建成于1980年以前（刘晓燕等，2018）。黄土高原96.5%的淤地坝分布在黄河潼关以上，该区是黄河泥沙的主要源地。1999年黄河上中游管理局组织实施的水保措施调查、2008年水利部组织实施的淤地坝安全大检查以及2011年全国水利普查数据表明，不同时期黄河潼关以上地区淤地坝数量及分布见表1-3（刘晓燕等，2017）。1999—2008年，各省（自治区）淤地坝数量差异不大；2011年，山西、陕西、内蒙古中小型淤地坝数量急剧减少，导致潼关以上地区淤地坝总数由之前的近9万座减少至2011年的5.6万座。根据2012—2021年中国水土保持公报，2012年、2013年、2014年和2021年全国新建淤地坝 244 座、285 座、196 座和 199 座。2021 年黄土高原淤地坝总数为 56976 座，与 2011 年差异不大。2021 年 8 月 20 日，水利部、发展改革委印发《黄河流域淤地坝建设和坡耕地水土流失治理"十四五"实施方案》，拟通过 5 年时间，新建淤地坝 1461 座。

表 1-3　　不同时期黄河潼关以上地区淤地坝数量（刘晓燕等，2017）　　单位：座

| 省（自治区） | 2011 年 | | | 2008 年 | | | 1999 年 | | |
| --- | --- | --- | --- | --- | --- | --- | --- | --- | --- |
| | 总数量 | 大型 | 中小型 | 总数量 | 大型 | 中小型 | 总数量 | 大型 | 中小型 |
| 青海 | 665 | 170 | 495 | 663 | 154 | 509 | 708 | 33 | 675 |
| 甘肃 | 1559 | 551 | 1008 | 1465 | 508 | 957 | 709 | 163 | 546 |
| 宁夏 | 1112 | 325 | 787 | 1117 | 347 | 770 | 16720 | 84 | 16636 |
| 内蒙古 | 2195 | 820 | 1375 | 2376 | 735 | 1641 | 2760 | 257 | 2503 |
| 陕西 | 33252 | 2538 | 30714 | 38951 | 2555 | 36396 | 34169 | 338 | 33831 |
| 山西 | 17282 | 1083 | 16199 | 43577 | 1001 | 42576 | 30555 | 377 | 30178 |
| 合计 | 56065 | 5487 | 50578 | 88149 | 5300 | 82849 | 85621 | 1252 | 84369 |

1999—2011 年中小型淤地坝数量大幅度减少，主要发生在水土流失数量强度属中轻度的海原县、汾西县、包头市 3 县（区）和关中 52 县（区），中小型淤地坝的数量从 1999 年的 31268 座剧减至 2011 年的 680 座，该区域中型淤地坝极少，故中小型淤地坝总量的减少主要体现在小型淤地坝数量剧减。榆林 12 县（区）、延安市北部 7 县（区）和吕梁市河龙（河口镇—龙门）区间是中小型淤地坝最多的地区，与 2008 年相比，该区域 2011 年中型淤地坝数量略有增加，但小型淤地坝数量减少近 4300 座。小型淤地坝标准变化、水毁和淹没是其数量减少的主要原因（刘晓燕等，2017）。

### 1.2.3　仍有拦沙能力的淤地坝数量及空间分布

淤地坝可直接将泥沙拦截在坝库内，但随着淤地坝淤积泥沙的增加，其拦沙能力逐渐降低。淤地坝淤积泥沙总量占总库容的比例达到 77% 左右时，淤地坝就失去了拦沙的功能（刘晓燕，2016）。

依据淤地坝安全大检查数据，刘晓燕等（2017）的研究表明，黄河潼关以上地区极可能已失去拦沙能力的骨干坝和中型坝分别为 1428 座和 5003 座，分别占骨干坝和中型坝数量的 25.24% 和 44.48%；2009—2015 年，黄河潼关以上仍具有拦沙能力的骨干坝有 3582～4143 座，仍具有拦沙能力的中型坝有 2933～5667 座，主要分布在河龙区间。胡春宏等（2020）的研究表明，截至 2017 年黄土高原仍有拦沙能力的骨干坝、中型淤地坝和小型淤地坝分别为 4319 座、5134 座和 12855 座，剩余库容 22.5 亿 $m^3$。陈祖煜等（2020）的研究表明，黄土高原地区淤地坝设计淤积库容 77.59 亿 $m^3$，已淤积 55.04 亿 $m^3$，实际淤积率（相对

于 110.33m³ 的设计总库容）为 49.88%；其中 1986 年以前、1986—2003 年、2003 年以后修建淤地坝淤积率分别为 72.57%、43.47%、18.74%。截至 2018 年，黄土高原地区淤地坝已淤满 41008 座，占该时期淤地坝总数 58776 座的 69.77%。1986 年以前、1986—2003 年、2003 年以后修建的淤地坝淤满数量分别为 28198 座、8624 座、4186 座，各占相应时期总数的 87.97%、62.15%、32.59%。杨媛媛（2021）的研究预测，黄河河口镇—潼关区间骨干坝在 2030 年将有 53.08% 完全淤满，2040 年将有 77.49% 完全淤满。

淤地坝淤满后其拦沙作用降到最低，但是淤积的坝地相当于水平梯田，客观上还能起到一定的减蚀和拦蓄径流泥沙作用。淤地坝淤满后，逐渐出现老化、破损等现象，成为病坝或险坝，在极端降雨条件下极易发生水毁灾害（陈祖煜等，2020）。对于淤满的大中型淤地坝，可采取增设溢洪道、排洪渠、坝体铺盖防护材料等措施进行综合治理，确保淤地坝减蚀作用的持续发挥和坝地的持续有效利用；对于淤满的小型淤地坝，可比照小型水库报废、销号等方法，实行动态管理，在政策上探索报废退出机制，对报废的淤地坝按照基本农田进行管理（惠波等，2020）。2015 年 4 月 15 日，水利部办公厅印发《关于开展中型以上病险淤地坝认定和除险加固初步设计工作的通知》（办水保〔2015〕90 号），2015 年、2016 年、2017 年、2018 年、2019 年、2020 年和 2021 年除险加固淤地坝 59 座、211 座、361 座、560 座、750 座、546 座和 556 座。

# 1.3　黄土高原淤地坝生态系统服务功能

黄土高原地区气候干旱、地形破碎、沟壑纵横、植被稀少，是我国水土流失最严重、生态环境最脆弱的地区，是黄河流域泥沙的主要来源地。在 20 世纪 80 年代的小流域综合治理阶段，总结提出了"山顶植树造林戴帽子，山坡退耕种草披褂子，山腰兴修梯田系带子，沟底筑坝淤地穿靴子"等治理模式（胡春宏等，2020）。淤地坝是治理黄土高原水土流失的关键举措。"沟里筑道墙，拦泥又收粮"，这是黄土高原地区群众对淤地坝作用的高度概括。由骨干坝、中型坝、小型坝等组成的坝系，通过拦、蓄、淤等，既能将洪水泥沙就地拦蓄、削峰减能、固沟减蚀，有效控制水土流失、减少入黄泥沙，又能形成坝地，充分利用水土资源，使荒沟变成高产稳产的基本农田、从而有效解决黄土高原地区水土流失、洪水灾害和干旱缺水三大难题（党维勤等，2020）。黄土高原广泛分布的淤地坝提供了拦沙减蚀、滞洪减灾、淤地增产以及固碳等关键生态系统服务，在黄河流域生态保护和促进农村经济发展方面取得了公认的效果（陈祖煜等，2020；冯棋等，2019）。

### 1.3.1　拦沙减蚀功能

淤地坝可以直接拦蓄泥沙，减少汇流区进入河流或湖泊的泥沙量。经过近50年持续治理，黄土高原水土流失治理取得显著成效，黄河输沙量呈阶梯式降低。以黄河干流潼关水文站年均输沙量为例，由平均 16 亿 t/年（1919—1959年）锐减至到 2.48 亿 t/年（2001—2018 年），减少达到 85%（胡春宏等，2020）。在未来 50 年内，黄河潼关站年均输沙量在 3 亿 t 左右（王光谦等，2020）。黄土高原梯田与淤地坝的修建是 20 世纪 70—90 年代黄河输沙量减少的主要原因，其淤地坝对泥沙的拦截占 1951—1999 年黄河输沙量减少的21%（Wang et al.，2016）。淤地坝单位面积拦泥量与坝高有关，典型坝系流域榆林沟坝高小于 10m 的小型淤地坝，平均拦泥 $3.67m^3/hm^2$；坝高在 $10\sim30m$的中型淤地坝，可拦泥 6.72 万～7.52 万 $m^3/hm^2$；坝高大于 30m 的大型淤地坝，可拦泥 18.97 万 $m^3/hm^2$，是中型淤地坝的 2.7 倍，是小型淤地坝的 5.2倍（姜峻等，2008）。淤地坝拦沙作用的时效性非常突出，随着淤地坝淤积泥沙的增加，其拦沙能力逐渐降低。淤地坝淤积总量占总库容的比例（淤积比）达到 77% 左右时，淤地坝就失去了拦沙的功能（刘晓燕，2016）。失去拦沙能力后，淤地坝仍可依靠拦沙所形成的淤地坝发挥减沙作用，如果流域的林草梯田覆盖状况较差，淤地坝减沙作用的"空间影响范围"可达自身面积的 4 倍；随着流域的林草梯田覆盖率增大，单位面积淤地坝的实际减沙量会逐渐降低（刘晓燕等，2018）。

淤地坝不仅具有直接的拦沙作用，同时，淤地坝能够抬高侵蚀基准面、控制沟道下切和沟岸坍塌扩展，进而减少沟岸崩塌、泻溜、滑坡、滑塌等重力侵蚀活动的发生，具有减蚀作用。淤地坝系的建设使沟壑梯田化，整体上削减了沟道径流的动能，从而在一定程度上改变了流域（沟道）的侵蚀形态（陈祖煜等，2020）。淤地坝将侵蚀沟道变为淤地坝后分散消减径流侵蚀动力，减少沟道侵蚀产沙（Li et al.，2019）。淤地坝淤积泥沙后，坝体和坝前平缓淤地坝可致流速降低、挟沙力下降，且因淤地坝延长，沟道整体坡降下降，侵蚀基准面抬升，各个沟道淤地坝末端尾水区发生壅水减速落沙，减少沟头溯源侵蚀和减轻坡沟系统重力侵蚀，流域整体的淤积向上游发展，持续减沙（胡春宏等，2020）。

### 1.3.2　滞洪减灾功能

以小流域为单元，淤地坝通过梯级建设，大、中、小结合，治沟骨干工程控制，层层拦蓄，具有较强的削峰、滞洪能力和上拦下保的作用，能有效地防止洪水泥沙对下游造成的危害。1989 年 7 月 21 日，内蒙古准格尔旗黄甫川流域发生特大暴雨，处在暴雨中心的川掌沟流域降雨 118.9mm，暴雨频率为 150 年一遇，流域产洪总量 1233.7 万 $m^3$，流域内 12 座治沟骨干工程共拦蓄洪水泥沙593.2 万 $m^3$，缓洪 593.2 万 $m^3$，削洪量达 89.7%，不但工程无一损失，还保护了下游 260hm$^2$ 淤地坝和 340hm$^2$ 川、台、滩地的安全生产，减灾效益达 200 多万元（黄土高原淤地坝调研组，2003）。2010 年 9 月 19 日，山西省吕梁市多地突降大雨或暴雨，暴雨中心区的方山县店坪沟流域、石张流域和离石区阳坡的 71 座大中型淤地坝共拦蓄洪水 1430 万 m$^3$，若未能将这么多的水拦下，则将给群众的生命财产造成巨大威胁（陈祖煜等，2020）。黄河水利委员会绥德水保站从 20 世纪 50 年代就按照"治理沟与非治理沟对比"的原则布置了韭园沟（治理沟）和裴家峁（非治理沟）的径流泥沙观测。韭园沟流域经过 60 多年的治理，沟道形成了完整的坝系控制体系；裴家峁流域不仅治理程度较低，主沟道内没有任何淤地坝。2017 年 7 月 26 日，榆林绥德、子洲县发生暴雨洪水，雨量达到 200mm，雨强达到 50mm/h。"7·26"特大暴雨洪水下，裴家峁和韭园沟洪峰流量分别为 126.10kg/s 和 36.14kg/s，最大含沙量分别为 382kg/s 和 170kg/s，次输沙模数分别为 7595t/km$^2$ 和 1914t/km$^2$（党维勤等，2019）。通过治理沟和非治理沟的对比可以发现，淤地坝发挥了巨大的滞洪减灾作用。同时，淤地坝通过有效的滞洪，将高含沙洪水一部分转化为地下水，一部分转化为清水，通过泄水建筑物，排放到下游沟道，增加了沟道常流水，涵养了水源，同时对汛期洪水起到了调节作用，使水资源得到了合理利用（黄土高原淤地坝调研组，2003）。

### 1.3.3　淤地增产功能

　　淤地坝将泥沙就地拦蓄，将沟道、河滩、荒坡等难以利用的土地转变为地势平坦的人造小平原，增加了耕地面积。截至 2020 年调查统计，黄土高原淤地坝已淤坝地面积 8.59 万 hm$^2$。淤地坝内土壤主要是由坡面上流失下来的表层土淤积而成，淤泥中的有机质含量高，并且因汇流作用淤地坝土壤水分条件一般高于坡面。淤地坝形成的坝地，不仅增加了耕地面积，而且地平、土松、墒好、肥多，易于耕作，抗旱能力强，是水肥条件良好的高产稳产基本农田。据黄土高原 7 省（自治区）多年调查，淤地坝粮食产量是梯田的 2～3 倍，是坡耕地的 6～10 倍。淤地坝多年平均亩产量 300kg，有的高达 700kg 以上（黄土高原淤地坝调研组，2003）。特别是在大旱的情况下，淤地坝抗灾效果更加显著。据榆林市子洲县、绥德县有关部门调查，淤地坝面积分别仅占各自耕地面积的 6.8% 和 4.8%，而所产粮食则占总产量的 27.8% 和 30%（陈祖煜等，2020）。淤地坝的粮食供给功能优于坡面，已成为土地贫瘠、退化严重区域重要的粮食产地（Wang et al.，2011）。在黄土高原区广泛地流传着"宁种一亩沟，不种十亩坡""打坝如修仓，拦泥如积粮，村有百亩坝，再旱也不怕"的说法。但是，淤地坝沉积物中过高的含水量可能导致积水与盐碱化，威胁作物生长，应适当排水。

　　淤地坝提供了高产稳定的基本农田，为退耕还林（草）创造了条件，使土地利用结构逐步趋向合理。退耕还林（草）工程将坡度大于 25° 的坡耕地转变为林草地，但是坡耕地的减少需要新的耕地来补偿，淤地坝建设解决了当地群众基本的粮食需求，为大规模的退耕还林（草）提供了条件。据测算，一亩坝地可促进 6～10 亩的坡地退耕。进入 21 世纪以来，陕西省绿色版图向北推移400km。陕西省延安、榆林地区集中了全国一半的淤地坝。从这个意义来讲，淤地坝可以为巩固退耕还林工程成果，为创造友好的人类活动环境提供支撑。

由于沟道淤地坝水肥条件良好、高产稳产，为发展高效农业和农业结构调整创造了条件（邵明安，2002）。陕北地区是中国贫困人口集中、经济基础薄弱的地区。淤地坝成为当地农民的主要粮食生产基地，同时还利用淤地坝水肥条件好的优势，种植烤烟、蔬菜、瓜果、水稻、药材等附加值高的植物，大大提高了淤地坝利用的经济效益（姜峻等，2008）。甘肃省庄浪县依托淤地坝水资源利用和交通便捷的优势，鼓励农民承包富家川等 5 座淤地坝周围土地 13hm²，创办了以育苗、果园、养鱼为主的水保经济实体，建成水保育苗基地 3hm²，培育各类苗木 50 万株，建成苹果园 10hm²，利用坝库养鱼 30 万尾（王晓峰，2017）。淤地坝良好的水肥条件，为发展优质高效农业和调整产业结构奠定了基础，从过去单一的粮食生产经济结构转变为农、林、牧、副、渔各业并举，促进了农村经济发展。同时，建成淤地坝后，坝顶成了生产道路或公路，架起了一座座致富的"金桥"，使流域内形成四通八达的交通网络，为区域农业生产条件的改善和群众生活水平的提高发挥了重要作用。

### 1.3.4　固碳功能

淤地坝拦截上游坡面和沟道侵蚀的泥沙，伴随侵蚀土粒在淤地坝的深埋，使淤地坝成为重要的陆地生态系统碳汇。土壤侵蚀会优先迁移富含碳的表层土壤以及土壤中碳含量高的黏粒和粉粒，使得淤地坝内沉积的土壤碳含量较高（Schiettecatte et al.，2008）。同时，淤地坝土壤水分含量较高，并且由于压实作用通气性较差，沉积埋藏的厌氧环境可以抑制微生物活动，降低土壤有机碳的矿化分解，可以较好地保存沉积物内的碳（Berhe et al.，2012）。除了沉积物碳的沉积和埋藏，小气候的改善和肥沃土壤的积累有利于植被的生长，这反过来会增加淤地坝中的生态系统碳储量。特别是对于运行后期的淤地坝，水土保持功能减弱，固碳功能日益突出，在增加陆地生态系统碳储存方面发挥了重要作用（李勇等，2003；鄂馨卉等，2021；Mekonnen et al.，2020）。

多个研究表明淤地坝是良好的陆地碳库。李勇等（2003）的研究表明，截至 2002 年年底，黄土高原地区淤地坝工程共增加有机碳储量 1.23 亿 t，是1994—1998 年全国人工造林工程增加碳储量的 17%。Wang 等（2011）的研究表明，黄土高原淤地坝沉积泥沙有机碳平均含量为 3.4g/kg，有机碳储量为9.52 亿 t。Lü 等（2012）的研究表明，延安市淤地坝共储存有机碳 0.42 亿 t，约为 2000 年中国化石燃料燃烧释放二氧化碳的 4%。淤地坝固存的碳储量受到淤地坝体积、建成时间、建成位置、土地利用类型等因素的影响（Lü et al.，2012；Yao et al.，2022）。淤地坝沉积泥沙有机碳的稳定机制复杂，受到侵蚀强度、迁移过程、埋藏时间等因素影响（Doetterl et al.，2016）。例如，当淤地坝表层周转率高的有机碳与下层相对惰性的沉积物混合可能刺激有机质分解（Kuzyakov et al.，2015）。

　　2020 年 9 月 22 日，国家主席习近平在第七十五届联合国大会上宣布，中国力争 2030 年前二氧化碳排放达到峰值，努力争取 2060 年前实现碳中和目标。水土保持碳汇是新时期水土保持工作的重要内容。2023 年 1 月 3 日，中共中央办公厅、国务院办公厅印发了《关于加强新时代水土保持工作的意见》，其中强调："围绕水土流失规律与机理、水土保持与水沙关系、水土保持碳汇能力等，加强基础研究和关键技术攻关""建立水土保持生态产品价值实现机制，研究将水土保持碳汇纳入温室气体自愿减排交易机制。制定完善水土保持碳汇能力评价指标和核算方法，健全水土保持标准体系"。因此，淤地坝沉积物的碳周转过程和制约因素的研究对于评估淤地坝碳汇功能的持续性和增加水土保持碳汇至关重要。

# 第 2 章

# 黄土高原淤地坝土壤物理性质

    土壤物理性质是影响水分入渗、土壤可蚀性、产流和产沙的关键参数，对土壤侵蚀非常敏感，同时，土壤物理性质对碳氮生物地球化学循环有重要影响。土壤侵蚀优先搬运较轻的黏粒和粉粒，在传输路径和沉积区中沉积。有机碳在土壤黏粒表面吸附是使有机碳稳定的重要机制，通常土壤黏粒含量越高，土壤碳氮含量越高，且更为稳定（Kleber et al.，2015）。土壤容重、孔隙度和导水率通过控制土壤通气和水分状况影响有机质的分解。土壤团聚体与土壤有机质密切相关，土壤团聚体不仅可以物理性的保护有机质，减缓微生物和酶对其分解，同时可以改变微生物群落结构，限制氧气逸散，调节养分循环（Six et al.，2002）。大团聚体（＞0.25mm）的物理保护作用较弱，土壤有机质主要被保护在微团聚体（0.053～0.25mm）以及大团聚体中的微团聚体里。因此，明确土壤侵蚀如何影响土壤物理性质，对于侵蚀环境土壤碳氮循环评估至关重要。

    既往研究普遍认为，土壤侵蚀会导致土壤物理退化（Sadeghian et al.，2021；Shukla et al.，2005）。土壤团聚体在湿润条件下受到雨滴冲击和空气压力的破坏，并在运输过程中不断受到径流的扰动。团聚体分解会产生细颗粒，这些细颗粒可能会堵塞土壤孔隙并形成表面结皮，进而导致水分渗透减少。土壤侵蚀会降低土壤毛管持水量、田间持水量以及土壤水分特征曲线中的滞留含水量和饱和含水量等。土壤侵蚀引起的土壤物理性质的退化取决于土壤类型（Asadi et al.，2007）、侵蚀阶段（Xu et al.，2016）、径流流量（Zuo et al.，2020）、地形特征（如坡长、坡度和坡位）（Sadeghian et al.，2021；Zuo et al.，2020），以及降雨模式（例如降雨强度、持续时间以及湿润和再干燥时间）（Schiettecatte et al.，2008；Yao et al.，2020）。这些影响模式已纳入土壤侵蚀模型（Batista et al.，2019）。然而，侵蚀的土壤颗粒最终会在地势低洼的区域沉积，沉积区域土壤物理性质的研究目前较少。

    淤地坝土壤由历次侵蚀事件中的侵蚀土壤组成，是典型的沉积区域。在土壤侵蚀的作用下，淤地坝剖面土壤物理性质会发生改变。本章选取了黄土高原由北至南的神木六道沟、绥德辛店沟、安塞纸坊沟、固原火岔沟和长武王东沟5个典型小流域❶，研究了典型的沉积区淤地坝和典型的侵蚀区坡面0～200cm剖面土壤物理性质，本章研究结果可以为进一步分析淤地坝土壤碳氮的分布及稳定性提供依据。

## 2.1 淤地坝土壤水分和温度

以黄土高原由北至南的5个典型小流域为研究区，这5个小流域分别为神木、绥德、安塞、固原、长武（图2-1），基础信息见表2-1。在每个小流域典型沉积区淤地坝和典型侵蚀区坡面连续测定2017年5—10月和2018年4—10月0～20cm土壤水分和土壤温度。

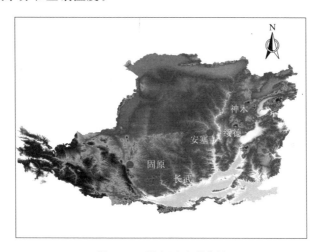

图2-1 研究区地理位置

表2-1 研究区地貌、气候和土壤侵蚀信息

| 地点 | 试验站名称 | 小流域 | 地貌 | 海拔/m | 多年平均气温/℃ | 多年平均降水量/mm | 气候区 | 侵蚀方式 | 土壤水力侵蚀模数/[t/(km²·a)] | 降雨侵蚀力/[MJ·mm/(hm²·h·a)] | 极端降雨侵蚀力/[MJ·mm/(hm²·h·a)] |
|---|---|---|---|---|---|---|---|---|---|---|---|
| 神木 | 神木侵蚀与环境试验站 | 六道沟 | 峁状丘陵 | 1094～1274 | 8.4 | 438 | 半干旱区 | 水力、风力 | 3811 | 1094 | 903 |

---

❶ 本书所选取的黄土高原神木六道沟、绥德辛店沟、安塞纸坊沟、固原火岔沟、长武王东沟5个小流域，下文依次简称为神木、绥德、安塞、固原、长武。

续表

| 地点 | 试验站名称 | 小流域 | 地貌 | 海拔/m | 多年平均气温/℃ | 多年平均降水量/mm | 气候区 | 侵蚀方式 | 土壤水力侵蚀模数/[t/(km²·a)] | 降雨侵蚀力/[MJ·mm/(hm²·h·a)] | 极端降雨侵蚀力/[MJ·mm/(hm²·h·a)] |
|---|---|---|---|---|---|---|---|---|---|---|---|
| 绥德 | 辛店沟径流观测站 | 辛店沟 | 峁状丘陵 | 800~1100 | 10.2 | 476 | 半干旱区 | 水力、风力 | 4641 | 1266 | 505 |
| 安塞 | 安塞水土保持综合试验站 | 纸坊沟 | 梁峁丘陵 | 1100~1400 | 8.8 | 549 | 半干旱区向半湿润过渡区 | 水力 | 7833 | 1226 | 836 |
| 固原 | 固原生态试验站 | 火岔沟 | 梁状丘陵 | 1534~1822 | 6.9 | 419 | 半干旱区 | 水力、风力 | 7163 | 711 | 875 |
| 长武 | 长武黄土高原农业试验站 | 王东沟 | 高塬沟壑 | 950~1225 | 9.1 | 584 | 半湿润区 | 水力、重力 | 5511 | 1325 | 785 |

**注**　土壤水力侵蚀模数是 1990—2010 年的平均值，数据来自国家地球系统科学数据中心。降雨侵蚀力和极端降雨侵蚀力是 1951—2018 年的平均值（Yue et al.，2022）。

总体来说，研究区淤地坝土壤含水量（15.64%）显著高于坡面（10.17%），而淤地坝土壤温度（15.19℃）显著低于坡面（17.51℃）（$P <$ 0.05）。淤地坝和坡面土壤含水量和土壤温度的差异与研究区地点有关，神木、绥德、安塞、固原和长武淤地坝与坡面土壤含水量的比值分别为 1.36、2.10、1.91、1.03 和 1.45，土壤温度的比值分别为 0.93、0.75、0.85、0.97 和 0.85。将淤地坝和坡面土壤含水量及土壤温度的比值与研究区年均降水量和年均温度做线性相关分析，结果发现对于年均降水量和年均温更高的地点，淤地坝和坡面土壤含水量及土壤温度的差异越大。同时，淤地坝和坡面土壤含水量与土壤温度的差异与研究时间有关，不同地形土壤含水量和温度的差异在 7 月和 8 月最大。黄土高原小流域淤地坝和坡面 0~20cm 土层土壤水分和温度动态如图 2-2 所示。

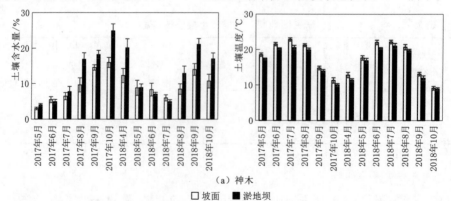

（a）神木

□ 坡面　■ 淤地坝

图 2-2（一）　黄土高原小流域淤地坝和坡面 0~20cm 土层土壤水分和温度动态

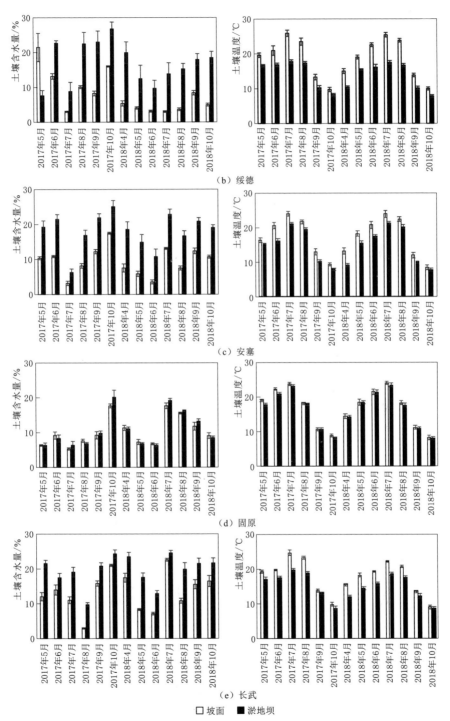

（b）绥德

（c）安塞

（d）固原

（e）长武

□坡面　■淤地坝

图 2-2（二）　黄土高原小流域淤地坝和坡面 0～20cm 土层土壤水分和温度动态

## 2.2 淤地坝土壤颗粒

采样测定了神木、绥德、安塞、固原、长武淤地坝和坡面 0～200cm 土壤颗粒组成。研究发现，5 个地点砂粒含量以神木、绥德、安塞、固原、长武的顺序依次降低（图 2-3），分别为 42.2%、27.9%、20.0%、20.1% 和 10.9%；以此顺序土壤黏粒含量分别为 13.8%、12.6%、16.7%、15.4% 和 22.8%；粉粒含量分别为 44.0%、59.5%、62.6%、64.5% 和 66.3%。神木、绥德、安塞、固原和长武土壤颗粒分形维数分别为 2.68±0.01、2.67±0.00、2.72±0.01、2.72±0.00 和 2.78±0.00，说明神木和绥德土壤质地较粗、安塞和固原其次，长武土壤质地最细，符合黄土高原土壤北砂南黏的总体规律。

地形对土壤黏粒、粉粒、砂粒含量及土壤分形维数的作用受到地点的影响（图 2-3）。黏粒含量在神木表现为坡面大于淤地坝（$P<0.001$），在绥德表现为坡面和淤地坝差异不显著（$P>0.05$），在安塞、固原和长武则表现为淤地坝大于坡面（$P<0.01$）。土壤粉粒在神木、安塞和长武表现为坡面大于淤地坝，这种差异在神木最大。砂粒含量则呈现相反趋势，在神木表现为淤地坝大于坡面（$P<0.001$），绥德和安塞淤地坝和坡面差异不显著（$P=0.794$ 和 $P=0.056$），在固原和长武则表现为坡面大于淤地坝（$P<0.001$）。以上结果表明，在黄土高原南部的安塞、固原和长武淤地坝土壤细颗粒相比坡面富集，而在黄土高原北部神木，坡面土壤粉粒和黏粒反而大于淤地坝。

相较于砂粒，土壤黏粒和粉粒质量较小，更容易被外力搬运，从而更容易富集在泥沙中（Yao et al.，2023a）。Chen 等（2002）研究了受土壤风蚀影响的鄂尔多斯高原坡面及坡底土壤的理化性质，发现坡中土壤黏粒和粉粒含量显著小于坡底，即相对侵蚀区域土壤黏粒及粉粒含量小于沉积区域。Berhe 等（2008）在加利福尼亚州北部的研究表明，坡面 0～90cm 土层土壤黏粒含量（平均值为 25.3%）低于沉积平原（平均值为 41.5%），并且这种差异在不同土层深度上较为均一。土壤侵蚀引起的土壤颗粒迁移是一个选择性的过程（Schiettecatte et al.，2008；Yao et al.，2020），受土壤侵蚀强度和侵蚀类型的影响。Shen 等（2016）研究发现，在极端侵蚀事件（如滑坡）期间，粗颗粒向前方输送，而细颗粒留在后方。Yao 等（2020）对 15 种土壤（黏粒含量为 12.9%～38.2%）开展人工模拟降雨实验，研究发现土壤可蚀性在连续极端降雨下逐渐降低；泥沙碳氮富集比接近 1 且不受土壤质地影响。在细沟侵蚀和切沟侵蚀等侵蚀过程中，降雨径流能量大，可能携带粗颗粒并将其向下输送（Li et al.，2015；Shukla et al.，2005）。对于 5 个地点小流域，神木的极端降雨侵蚀力最高（表 2-1），在剧烈侵蚀事件的影响下，粗颗粒向下输移并在淤地坝积累。研究发现侵蚀驱动的土壤颗粒再分配受侵蚀参数（如极端降雨侵蚀力）的影响。

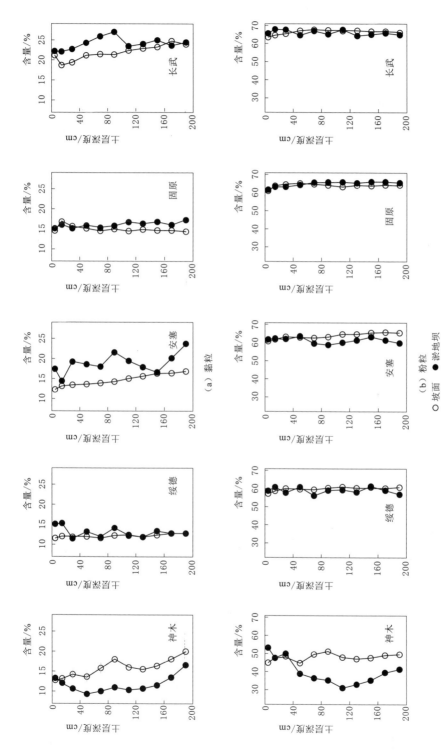

（a）黏粒

（b）粉粒

○ 坡面　● 淤地坝

图 2 - 3 （一）　淤地坝和坡面土壤颗粒组成剖面分布

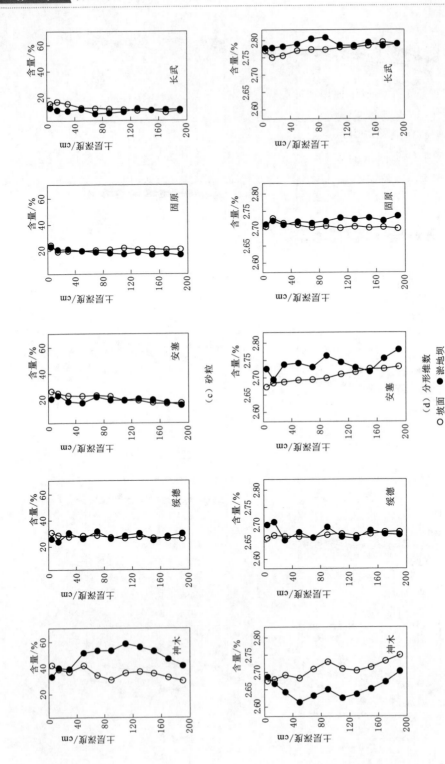

（c）砂粒

（d）分形维数 ○ 坡面 ● 淤地坝

图 2-3（二） 淤地坝和坡面土壤颗粒组成剖面分布

## 2.3　淤地坝土壤容重、田间持水量及饱和导水率

采集 5 个小流域淤地坝和坡面 0～100cm 土层原状土壤样品，测定了土壤容重（BD）、田间持水量（FC）和饱和导水率（Ks）。

土壤饱和导水率用定水头法测定。将采集原状土壤的环刀揭开上盖，仅保留垫有滤纸的带网眼的底盖，放入平底盆中，盆内注水至环刀上沿为止，静置使其吸水 12h，较黏的土可增加其吸水时间，使土样饱和。用马氏瓶供水，保持水头维持在 4cm 左右。实验开始后每间隔半小时测定流出水量并记录水温，直至流出水量稳定。计算公式如下：

$$Ks = \frac{V}{tA}\frac{L}{H+L} \tag{2-1}$$

式中：$V$ 为时间 $t$ 内的流出液体积；$A$ 为横截面积；$L$ 为土柱长度；$H$ 为水头高度。

需要注意的是，水分运动与温度有关。为了排除温度的影响，以 10℃ 时测定结果为标准，用哈赞公式进行换算：

$$Ks_{10} = \frac{Ks_T}{0.7+0.03T} \tag{2-2}$$

式中：$Ks_T$ 为温度为 $T$ 时的饱和导水率；$Ks_{10}$ 为温度为 10℃ 时饱和导水率，为方便起见，换算后的结果 $Ks_{10}$ 后文统一用 Ks 表示。

研究区土壤 BD、FC 和 Ks 平均值分别为 1.30g/cm³（1.03～1.68g/cm³）、22.67%（8.04%～33.50%）和 1.28cm/h（0.03～4.88cm/h），变异系数分别为 11%、23% 和 70%，属于中等变异。土壤 BD 表现为神木（1.44g/cm³）最大，绥德、安塞和长武居中（分别为 1.28g/cm³、1.32g/cm³ 和 1.27g/cm³），固原最小（1.20g/cm³）。5 个地点 FC 没有显著差异（$P>0.05$）。土壤 Ks 表现为固原、神木和长武（分别为 1.67cm/h、1.50cm/h 和 1.47cm/h）较大，绥德和安塞较小（1.02cm/h 和 0.72cm/h）。随土层深度加深，BD 逐渐增大，0～10cm、10～20cm、20～40cm、40～60cm、60～80cm 和 80～100cm BD 分别为 1.21g/cm³、1.27g/cm³、1.28g/cm³、1.33g/cm³、1.35g/cm³ 和 1.35g/cm³，40～100cm 土壤容重无显著差异。土壤 FC 表现为 0～10cm 最大（25.70%），随土层深度增加逐渐降低，并且在 40～100cm 差异不显著。土壤 Ks 表现为 0～10cm 土层显著大于 40～100cm 土层。

总体来说，土壤 BD 表现为淤地坝（1.36g/cm³）大于坡面（1.27g/cm³），FC 为坡面（24.46%）大于淤地坝（20.87%），Ks 同样为坡面（1.46cm/h）大于淤地坝（1.10cm/h）（$P<0.05$，图 2-4）。淤地坝和坡面土壤 BD、FC 和 Ks 的差异与地点有关，但是与土层深度无关。在神木和固原，淤地坝和坡面土壤

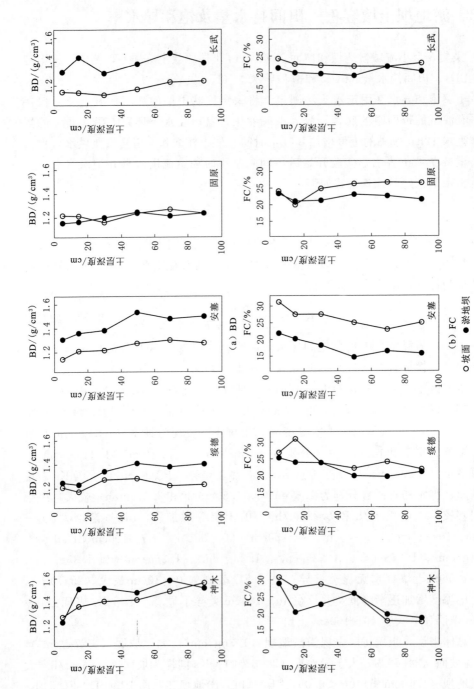

图 2 - 4 (一)　淤地坝和坡面土壤容重 (BD)、田间持水量 (FC) 和导水率 (Ks) 剖面分布

○ 坡面　● 淤地坝

(a) BD　(b) FC

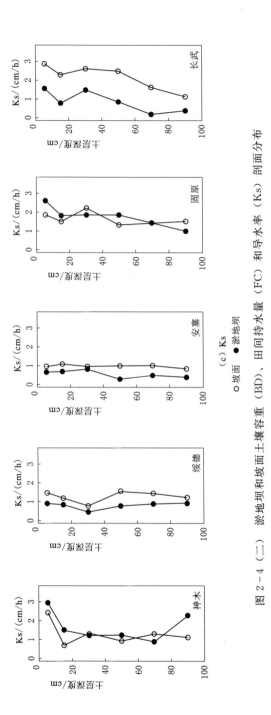

（c）Ks

○坡面　●淤地坝

图 2-4 （二）　淤地坝和坡面土壤容重（BD）、田间持水量（FC）和导水率（Ks）剖面分布

BD、FC 和 Ks 没有显著差异（$P > 0.05$）。对于绥德、安塞和长武，BD 表现为坡面（分别为 1.23g/cm³、1.23g/cm³ 和 1.16g/cm³）小于淤地坝（分别为 1.33g/cm³、1.42g/cm³ 和 1.37g/cm³）；Ks 则表现为相反趋势，坡面（分别为 1.26cm/h、0.93cm/h 和 2.15cm/h）大于淤地坝（分别为 1.67cm/h、0.78cm/h 和 0.83cm/h）；且 BD 和 Ks 在不同地形间的差异在长武更大。在安塞和长武，FC 表现为坡面（26.22% 和 22.34%）大于淤地坝（22.07% 和 17.70%）。相比于坡面，淤地坝土壤总体表现为容重较高而持水和导水能力较低，这种差异与研究区地点有关而与土层深度无关。

侵蚀导致淤地坝细颗粒的聚集，土壤压实，容重增大，导水入渗能力降低，说明淤地坝土壤通气透水能力比坡面差，有利于土壤碳氮的保存（Yao et al.，2023a）。Shukla 等（2005）在美国俄亥俄州的研究表明，对于保护性耕作 10 年的小区，0～10cm 和 10～20cm 土层，淤地坝土壤 Ks（分别为 17.8cm/min 和 8.8cm/min）要小于坡面（分别为 26.7cm/min 和 15.3cm/min）。Van Hemelryck 等（2011）在比利时黄土带的研究表明，淤地坝土壤 BD（1.40g/cm³）大于侵蚀坡面（1.24g/cm³），因为上覆沉积物和较高的土壤含水量导致土壤压实。通过 2017—2018 年连续监测，本研究区淤地坝土壤含水量显著高于坡面（图 2-2）。土壤 BD 的增加导致导水和持水能力降低。近期的一项模拟研究表明，土壤容重增加 10%～20%，可使稳定状态下的累积入渗率减少 55%～82%，有效持水量减少 3%～48%（Ngo - Cong et al.，2021）。淤地坝和坡面土壤 BD、FC 及 Ks 的差异在安塞和长武最大，但是在 0～100m 深度变化相似。Doetterl 等（2015）研究发现，不同地形位置间土壤容重的变化不仅发生在表层土壤，也发生在深度超过 1m 的深层土壤。通过冗余分析，年均降水量对其贡献最大，也就是说，在降水量较大的地区，淤地坝土壤压实程度和导水、持水能力的降低程度更大。

## 2.4　淤地坝土壤孔隙度

采集 5 个小流域淤地坝和坡面 0～100cm 原状土壤样品。土壤总孔隙度（Pt）均值为 50%（35.74%～59.26%），主要由毛管孔隙度（Pc）构成，其均值 46.96%，非毛管孔隙度（Pnc）均值为 3.04%。土壤 Pt 和 Pc 的变异系数分别为 8% 和 10%，属于弱变异，土壤 Pnc 的变异系数为 81%，属于中等变异。土壤 Pnc 表现为神木最大（6.58%），绥德和长武居中（3.15% 和 2.76%），固原和安塞最小（1.52% 和 1.17%）（图 2-5）。土壤 Pc 表现为固原（51.12%）显著大于神木、绥德、安塞和长武（分别为 41.85%、48.03%、47.65% 和 46.16%），土壤 Pt 表现为固原和绥德（52.64% 和 51.18%）显著大于神木、安塞和长武（分别为 48.44%、48.81% 和 48.90%）。土壤 Pnc 不受土层深度影

响，土壤 Pc 和 Pt 均表现为 0~10cm 土层（48.76%和 51.99%）显著大于 60~
80cm（45.91%和 48.99%）和 80~100cm 土层（45.81%和 48.89%）。

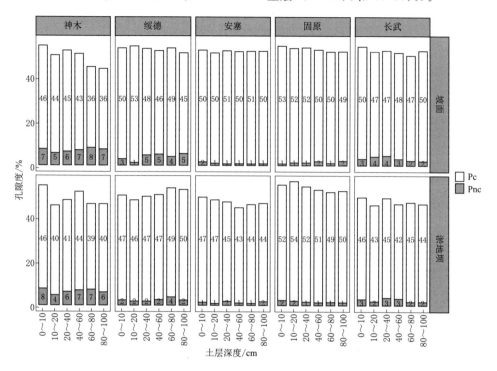

图 2-5　淤地坝和坡面土壤 Pc 和 Pnc 分布
注　总孔隙度为毛管孔隙度与非毛管孔隙度之和。

总体而言，淤地坝土壤 Pt 和 Pc（分别为 48.69%和 45.92%）低于坡面土
壤（分别为 51.30%和 48.00%）（$P<0.05$），而 Pnc 在淤地坝和坡面相似（$P>$
0.05）（图 2-5）。地形位置对 Pt 和 Pc 的影响取决于研究地点（$P>0.05$），但
不取决于土层深度（$P>0.05$）。淤地坝 Pt 和 Pc 显著低于坡面的现象发生在长
武（分别为−10%和−8%）和安塞（分别为−10%和−11%）（$P<0.05$），但在
神木、绥德和固原没有显著差异（$P>0.05$）。侵蚀和沉积过程不影响 Pnc，但
影响 Pc，对年均降水量最高的地点安塞和长武影响最大，这是由于土壤侵蚀造
成土壤团聚体的分解，可能导致土壤孔隙堵塞，降低土壤孔隙度。

## 2.5　淤地坝土壤团聚体

每个小流域采集淤地坝和坡面 0~10cm、10~20cm、60~80cm、120~
140cm 和 180~200cm 土层土壤样品，用湿筛法进行团聚体分级，分为大于

0.25mm、0.053~0.25mm 和小于 0.053mm 三个级别，即大团聚体（MA）、微团聚体（MI）和粉黏粒（SC）。水稳性团聚体稳定性用平均重量直径（MWD）和几何平均直径（GMD）表示，计算公式为

$$MWD = \sum_{i=1}^{n} x_i w_i \qquad (2-3)$$

$$GMD = \exp\left(\frac{\sum_{i=1}^{n} w_i \ln x_i}{\sum_{i=1}^{n} w_i}\right) \qquad (2-4)$$

式中：$w_i$ 为第 $i$ 级团聚体占所有团聚体质量之和的比例，%；$x_i$ 为第 $i$ 级团聚体的平均直径 mm，在本书中，所有团聚体的质量之和占全土的 98.6%，即回收率为 98.6%。

研究区土壤 MA、MI 和 SC 的平均值分别为 15.04%（0.95%~58.53%）、61.77%（28.74%~82.46%）和 23.19%（8.08%~45.78%），变异系数分别为 91%、19% 和 30%。可以看出微团聚体占团聚体的主要比例，大团聚体的在空间上的变异最大。土壤团聚体 MWD 和 GMD 的均值分别为 0.72mm（0.16~2.46mm）和 0.47mm（0.32~0.93mm），均属于中等变异。团聚体分布及稳定性在 5 个地点及不同土层间差异显著（图 2-6 和图 2-7）。例如，对于所有土层深度和地形，MA 由大到小分别为长武（21.43%）、固原（21.40%）、神木（15.69%）、安塞（9.66%）、绥德（7.00%）。MWD 表现为长武和固原较大（0.97mm 和 0.98mm）、神木次之（0.75mm）、安塞和绥德较小（0.50mm 和 0.40mm）。对于所有地点和地形，MA 表现为 0~10cm（28.09%）和 10~20cm（21.87%）土层大于 60~80cm、120~140cm 和 180~200cm 土层（分别为 9.65%，7.15% 和 8.41%）。MWD 表现为 0~10cm 土层最大（1.24mm），其次是 10~20cm 土层（0.99mm），60~80cm、120~140cm 和 180~200cm 土层较小且差异不显著（分别为 0.50mm、0.40mm 和 0.45mm）。

淤地坝和坡面的土壤团聚体组分分布和稳定性存在显著差异，这些变化与地点和土层深度有关（$P < 0.05$，图 2-6 和图 2-7）。对于神木、绥德和安塞 0~20cm 表层土壤，淤地坝土壤的 MA、MWD 和 GMD 显著小于坡面土壤，并且这种差异在神木大于绥德和安塞。例如，MA 在神木、绥德和安塞坡面 0~20cm 土层平均值分别为 26.60%、9.65% 和 12.69%，在淤地坝分别为 9.70%、6.41% 和 8.62%，坡面和淤地坝的比值分别为 2.74、1.50 和 1.47，说明大团聚体质量比在地形间差异在神木更大。但是神木、绥德和安塞淤地坝和坡面土壤团聚体间的差异并不存在于 20cm 以下的深层（$P > 0.05$）。在固原，淤地坝土壤的 MA、MWD 和 GMD 反而显著大于坡面土壤（$P < 0.05$），并且这种差异在深层土壤更大。例如在固原 0~10cm、10~20cm、60~80cm 和 120~140cm 土

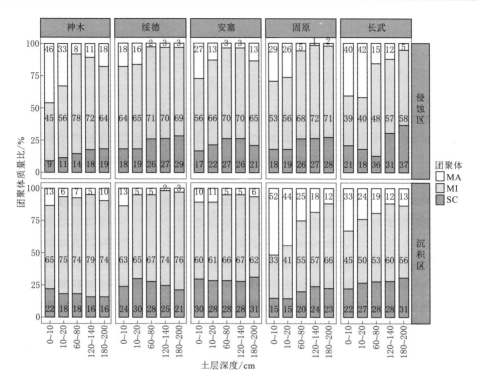

图 2-6　淤地坝和坡面土壤大团聚体（MA）、微团聚体（MI）和粉黏粒（SC）分布

层，MA 在淤地坝分别为 51.62%、44.10%、25.15% 和 18.46%，在坡面分别为 28.72%、25.74%、5.42% 和 1.47%；淤地坝和坡面的比值分别为 1.80、1.71、4.64 和 11.20，说明在深层土壤差异更大。淤地坝各土层的土壤团聚体组分分布和团聚体稳定性在长武没有显著差异（$P > 0.05$）。因此，土壤侵蚀和沉积可能导致表层 20cm 土壤中的团聚体破坏，但在固原发生了再聚集，这可能是由于黏粒和有机碳等胶结物质在淤地坝的聚集。

在雨滴打击、径流搬运等外力作用下，侵蚀会引起土壤团聚体的崩解和破坏。由于团聚体大小和分解所需要的能量直接呈负相关关系，大团聚体比微团聚体更容易受到破坏（Dungait et al.，2012）。根据冗余分析，降雨侵蚀力是影响淤地坝和坡面土壤团聚体组分和稳定性差异的最重要因素。随着降雨侵蚀力的增加，淤地坝土壤 MA、MWD 和 GMD 相比坡面的减少比例增加。在以往小区试验中也报告了类似的结果，其中 MWD 随着降雨强度（Sadeghian et al.，2021）或冲刷速率（Zuo et al.，2020）的增加而大幅降低。最大的减少发生在 0～20cm 土层，这可以解释为表层土壤更容易受到侵蚀的影响（de Nijs et al.，2020）。因此，相比淤地坝，坡面土壤团聚体稳定性更大是可以预测的，并且因为外力的破坏作用主要集中于表土，坡面与淤地坝土壤团聚体稳定性的差异为

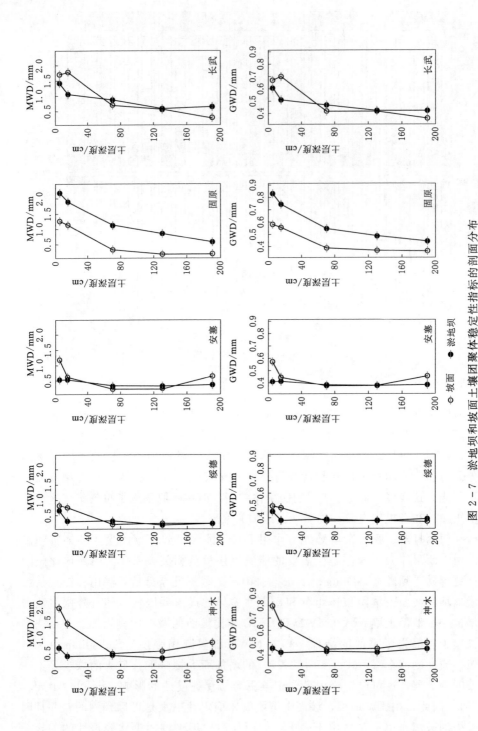

图 2-7　淤地坝和坡面土壤团聚体稳定性指标的剖面分布
MWD—平均重量直径；GMD—几何平均直径

表土大于深层土壤。当团聚体破碎时，大团聚体对有机碳的物理性保护作用非常容易损失，而有机碳和粉黏粒的化学结合作用被认为是最有效的有机碳稳定机制（Six et al.，2002；Schmidt et al.，2011）。相比坡面，在神木 0～60cm 土层以及绥德和安塞 0～20cm 土层，淤地坝土壤大团聚体占比较小而粉黏粒占比较高，可能是因为在搬运的过程中大团聚体破碎，形成微团聚体和粉黏粒，这一方面使在搬运过程中团聚体保护的碳氮因团聚体破碎而损失，另一方面淤地坝由于较高的粉黏粒质量比使得对碳氮的保护作用比坡面更大（Yao et al.，2023a）。

但是对于固原，土壤团聚体稳定性呈现出相反的规律，即淤地坝土壤团聚体稳定性比坡面土壤更大，这可能是因为在淤地坝土壤发生再团聚现象（Gregorich et al.，1998）。固原淤地坝土壤团聚情况的提升会对土壤有机碳提供更好的物理保护作用，并且这种作用在深层土壤更大。在沉积环境中，在大量结合剂（如黏粒和有机碳）的存在下，侵蚀土壤的沉积会导致新的土壤团聚体的形成（Berhe et al.，2012）。除了黏粒和有机碳的富集外，5 个地点中固原的降雨侵蚀力最低（表 2-1），这可能导致侵蚀过程中团聚体所受到的扰动较小。

## 2.6　淤地坝土壤物理性质空间异质性

黄土高原从北到南，土壤质地变得更细，这种空间分布模式在坡面和淤地坝相似 [图 2-8（a）、图 2-8（e）和图 2-8（i）]。然而，土壤颗粒的重新分布导致淤地坝（$C_v$=45%）的空间变化高于坡面（$C_v$=28%），并且这些差异在 20cm 以下的深层土壤中大于表层 20cm 土壤中。在垂直方向上，细土壤颗粒在坡面中随土层深度逐渐增加，但在淤地坝中沿土壤剖面波动。

通过主成分分析，将土壤 BD、FC、Ks 和孔隙度参数提取为特征值大于 1 的两个主要成分 [图 2-8（j）]。第一组分由 Pc、Pt 和 FC 正向解释，由 BD 负向解释；第二组分由 Pnc 和 Ks 正向解释。在黄土高原上，从北到南，坡面中 Pt、Pc 和 FC 逐渐增加，而 BD 逐渐减少（$C_v$=31%）[图 2-8（b）]，但在淤地坝中水平波动，从而导致更高的水平非均质性（$C_v$=48%），尤其是在 0～60cm 土层 [图 2-8（f）]。从北到南，土壤 Ks 和 Pnc 值先降低后增加，这些变化在淤地坝（$C_v$=81%）比在坡面（$C_v$=55%）更大 [图 2-8（c）和图 2-8（g）]。在垂直方向上，随着坡面深度的增加，BD 增加，Pt、Pc、FC、Ks 和 Pnc 减少，但这些参数在淤地坝中垂直波动。

黄土高原北部的 MA、MWD 和 GMD 小于黄土高原南部 [图 2-8（d）、图 2-8（h）和图 2-8（k）]，特别是对于淤地坝土壤。垂直方向上，土壤 MA、

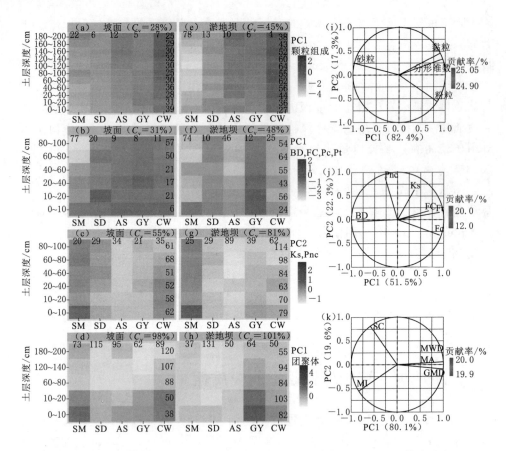

图 2-8 坡面和淤地坝土壤颗粒组成，容重（BD）、田间持水量（FC）、毛管孔隙度（Pc）、
总孔隙度（Pt），饱和导水率（Ks）、非毛管孔隙度（Pnc）和团聚体的热图以及主成分分析
注 每列和每行中的数字表示变异系数（$C_v$）。
SM—神木 SD—绥德 AS—安塞 GY—固原 CW—长武。

MWD 和 GMD 值随坡面深度的增加而降低，但垂直变化在淤地坝程度更小。总之，淤地坝物理和水力性质的空间变化不低于坡面，表明侵蚀和沉积过程增加了这些空间变化。

淤地坝土壤物理和水力性质的水平空间异质性显著高于坡面（图 2-8）。如上所述，对于土壤质地较粗的地点，侵蚀和沉积过程使淤地坝土壤砂粒含量高于坡面；对于土壤质地较细的地点，侵蚀和沉积过程使淤地坝土壤黏粒含量高于坡面。由于上覆沉积物的压实作用，淤地坝的 BD 显著高于坡面。这种影响在年均降雨量较高的地点更大，因此，黄土高原上 BD 从北向南减少的分布模式在淤地坝受到干扰。土壤 Ks、FC 和孔隙度也出现了类似的模式。黄土高原南部的土壤团聚体稳定性高于黄土高原北部，特别是对于淤地坝土壤，表明淤地坝沉积泥沙的再聚集发生在黄土高原南部，黏粒和有机碳含量较高（Gregorich et al.，1998；Krause et al.，2020）。总之，土壤侵蚀沉积作用下，土壤颗粒的重新分布、压实和团聚体再团聚导致区域尺度上黄土高原淤地坝土壤物理和水力学性质的水平空间异质性高于坡面。

在垂直方向上，土壤黏粒含量随着坡面深度的增加而逐渐增加，因为侵蚀导致坡面上黏粒流失（图 2-3）。在淤地坝土壤颗粒沿着土层深度波动变化。淤地坝的沉积物由先前侵蚀土壤颗粒组成，由于不同粒径的颗粒在不同侵蚀强度的侵蚀事件中被输送（Yao et al.，2022），所以淤地坝土壤颗粒在垂直方向上波动变化。此外，沉积过程也是一个选择过程，首先沉积粗颗粒，然后沉积细颗粒，该过程形成沉积旋回（薛凯等，2015）。在坡面，土壤 BD 逐渐增加，Ks、FC 和孔隙度随着深度的增加逐渐降低，这与不受侵蚀和沉积影响的平坦地区的模式相似（Li et al.，2021）。淤地坝土壤颗粒分布的垂直模式也导致土壤 BD、Ks、Pc 和 Pt 沿深度的波动，因为它们之间存在显著的关系。与坡面中大团聚体和团聚体稳定性随深度的急剧下降相反，淤地坝中土壤团聚体的垂直变化相对较高，表明历史侵蚀事件期间团聚体的破坏。总之，与坡面土壤物理性质的垂直分布不同，沉积淤地坝中的沉积物由历次侵蚀事件流失的土壤聚集而成，并根据之前侵蚀事件的侵蚀特征垂直波动。

## 2.7 淤地坝和坡面土壤物理性质差异性的影响因素

为了探究淤地坝和坡面土壤物理性质差异性的驱动因素，进一步计算了土壤物理性质变化的响应率，然后通过冗余分析研究了土壤物理性质响应率与环境变量之间的相关性（表 2-2）。基于蒙特卡洛排列测试方法，证实冗余分析结果总体上是显著的（$P<0.05$）。就土壤颗粒的响应率而言，纬度是最重要的因素，解释了 17.2% 的变化（$P<0.05$），在此基础上，侵蚀模数、极端降雨侵蚀力和土层深度分别额外解释了总方差的 3.8%、4.3% 和 2.4%（$P<0.05$）。对于土壤 BD、Ks、FC 和孔隙度的响应率，年均降水量是最重要的因素，解释了总方差的 16.0%（$P<0.05$），但土层深度没有显著的作用（$P=0.238$）。这表明，在年均降水量较高的地点，FC、Ks、Pc 和 Pt 的减少以及 BD 的增加更为显著。就土壤团聚体的响应率而言，经度是最重要的因素，解释了总方差的 22.6%（$P<0.05$），在此基础上，土层深度、极端降雨侵蚀力和降雨侵蚀力分别额外解释了总方差的 6.7%、2.8% 和 3.9%（$P<0.05$）。这一结果表明，在降雨侵蚀力水平较高的地点和表层土壤，淤地坝和坡面 MA、MWD 和 GMD 变化程度更高。

表 2-2　　　淤地坝和坡面土壤物理性质响应率的冗余分析结果

| 简　单　效　应 | | | | 边　际　效　应 | | | |
|---|---|---|---|---|---|---|---|
| 参　　数 | 解释率/% | Pseudo-F | $P$ | 参　　数 | 解释率/% | Pseudo-F | $P$ |
| 第一组：土壤颗粒组成响应率 | | | | | | | |
| 纬度 | 17.2 | 33.8 | 0.002 | 纬度 | 17.2 | 33.8 | 0.002 |
| 侵蚀模数 | 15.2 | 29.2 | 0.002 | 侵蚀模数 | 3.8 | 7.8 | 0.004 |
| 经度 | 8.6 | 15.4 | 0.002 | 极端降雨侵蚀力 | 4.3 | 9.3 | 0.002 |
| 年均降水量 | 6.9 | 12.0 | 0.002 | 土层深度 | 2.4 | 5.4 | 0.008 |
| 土层深度 | 2.4 | 4.1 | 0.028 | 经度 | 1.2 | 2.7 | 0.062 |
| 极端降雨侵蚀力 | 1.4 | 2.3 | 0.102 | | | | |
| 降雨侵蚀力 | 0.6 | 1.0 | 0.342 | | | | |
| 第二组：土壤容重、田间持水量、饱和导水率和孔隙度的响应率 | | | | | | | |
| 年均降水量 | 16 | 16.7 | 0.002 | 年均降水量 | 16.0 | 16.7 | 0.002 |
| 降雨侵蚀力 | 9.5 | 9.3 | 0.002 | 侵蚀模数 | 1.6 | 1.7 | 0.144 |
| 纬度 | 5.5 | 5.1 | 0.002 | 土层深度 | 1.6 | 1.7 | 0.130 |
| 侵蚀模数 | 3.3 | 3.0 | 0.024 | 极端降雨侵蚀力 | 0.8 | 0.9 | 0.456 |
| 土层深度 | 1.6 | 1.4 | 0.238 | 纬度 | 0.6 | 0.7 | 0.580 |
| 极端降雨侵蚀力 | 1.2 | 1.1 | 0.31 | | | | |
| 经度 | 0.5 | 0.5 | 0.768 | | | | |
| 第三组：土壤团聚体响应率 | | | | | | | |
| 经度 | 22.6 | 21.3 | 0.002 | 经度 | 22.6 | 21.3 | 0.002 |
| 纬度 | 14.6 | 12.5 | 0.002 | 土层深度 | 6.7 | 6.8 | 0.002 |
| 降雨侵蚀力 | 13.0 | 10.9 | 0.002 | 极端降雨侵蚀力 | 2.8 | 2.9 | 0.030 |
| 侵蚀模数 | 11.5 | 9.5 | 0.002 | 降雨侵蚀力 | 3.9 | 4.3 | 0.010 |
| 土层深度 | 6.7 | 5.2 | 0.012 | 纬度 | 2.3 | 2.5 | 0.076 |
| 年均降水量 | 1.9 | 1.4 | 0.254 | | | | |
| 极端降雨侵蚀力 | 0.3 | 0.2 | 0.888 | | | | |

注　响应率=(淤地坝参数值-坡面土壤参数值)/坡面土壤参数值×100%。

## 2.8  小结

本章研究了黄土高原由北至南神木、绥德、安塞、固原和长武 5 个小流域淤地坝和坡面土壤物理性质剖面分布特征。与侵蚀坡面土壤相比，沉积区域淤地坝土壤黏粒富集，并且淤地坝土壤黏粒的富集程度在土壤侵蚀模数较高的地点更大。淤地坝土壤具有较高的容重，较低的饱和导水率、田间持水量和总孔隙度，在年均降水量较高的地点这一点更为明显。淤地坝土壤团聚体稳定性普遍低于坡面土壤，并且主要集中于表层；但是，在降雨侵蚀力较低的地点，由于淤地坝黏粒和有机碳的积累团聚体发生再团聚。淤地坝土壤物理性质的水平空间变异性大于坡面，在垂直方向受历史侵蚀事件影响波动变化。总而言之，淤地坝土壤物理性质与坡面存在显著差异，并且这一差异性与不同地点的土壤侵蚀因素有关。

侵蚀驱动的土壤物理性质变化对淤地坝中碳的储量以及稳定性有重要影响。如果不考虑淤地坝土壤容重的增加，侵蚀和沉积系统中的土壤碳储量可能被低估，并且这些偏差可能在年均降水量较高的地点更大。由于淤地坝土壤导水能力较低，并且土壤颗粒在垂直方向波动变化，土壤溶解有机碳可能更难在淤地坝向下迁移。土壤容重、孔隙度和团聚体分布的变化也会进一步影响淤地坝土壤中碳的稳定性。

# 第 3 章

# 黄土高原淤地坝土壤碳含量及储量

土壤碳在全球碳循环中扮演着重要角色。全球 1m 深土壤碳库为 2500Pg，是大气碳库的 3.3 倍，生物碳库的 4.5 倍，土壤碳库的轻微变化就会导致大气 $CO_2$ 浓度发生波动 (Lal，2004)。由于人类活动的作用，陆地生态系统土壤侵蚀速率增加，这对碳循环产生了重大影响。全球每年因为土壤侵蚀（主要是水力侵蚀）导致有机碳的水平通量为 2.5Pg (Borrelli et al.，2017)，土壤侵蚀驱动下的碳循环是全球碳循环研究中的重要环节（崔利论等，2016；史志华等，2020；Doetterl et al.，2016)。

土壤侵蚀使坡面富含有机碳的表层土壤迁移搬运，并在河流山麓等区域沉积埋藏。大部分侵蚀的土壤（70%～90%）最终在该小流域或者相邻小流域的坡下沉积 (Stallard，1998)。以往研究广泛报道沉积区土壤有机碳含量或储量大于侵蚀区（刘兆云等，2009；Doetterl et al.，2015)。虽然土壤侵蚀造成肥沃表土的流失，土壤质量下降，植物生产力降低，但是在侵蚀坡面流失的碳的一部分总会通过新碳的输入而部分补偿 (Berhe et al.，2007；Harden et al.，1999)。以往有研究报道侵蚀区和未侵蚀的对照区土壤剖面有机碳含量及储量没有显著差异 (Doetterl et al.，2012b；Rosenbloom et al.，2001)。这些研究表明土壤侵蚀对碳氮的影响也受到其他因素的作用。例如，气候（如降水量与气温）和土壤（如土壤质地和结构）因素影响了植物碳向土壤的输入和微生物的分解，同时影响了风化和侵蚀强度。因此侵蚀对土壤碳氮的影响在不同气候和土壤条件下不同。

土壤无机碳是土壤碳库的重要组成部分，特别是在干旱及半干旱地区，土壤无机碳是土壤碳的主要形式，无机碳储量比有机碳储量大 2～10 倍 (Eswaran et al.，2000)。土壤无机碳主要是由碳酸盐组成，土壤无机碳库受到酸化的影响能导致大量碳的损失 (Bowman et al.，2008)。土壤侵蚀导致表层土壤剥离，侵蚀区下层土壤中的无机碳可能会和酸性物质反应而释放，无机碳损失风险增大；

而沉积会埋藏土壤富含无机碳的钙层，降低其与酸性物质作用而损失的风险（Lal，2003）。因此研究侵蚀和沉积环境土壤无机碳库的分布对于土壤碳储量及循环非常重要。

深层土壤虽然碳含量较低，但是贡献了超过一半的土壤碳储量，因此研究土壤碳分布及循环时必须要考虑深层土壤（Rumpel et al.，2011）。全球范围内，超过一半的土壤有机碳储存在30cm以下土层（Lal，2018）。特别是在沉积区，泥沙淤积深度可达数米。很多研究表明，沉积区30～200cm土层土壤有机碳储量占0～200cm土层的80%以上（Berhe et al.，2008；Doetterl et al.，2012a；Wiaux et al.，2014；Wang et al.，2014b）。因此，如果只关注于表层土壤而忽略侵蚀驱动下沉积区域土壤有机碳的埋藏，会高估侵蚀导致的有机碳损失。

淤地坝是典型的沉积区域，历次侵蚀事件中拦蓄的泥沙构成了重要的生态系统碳库。本章选取黄土高原由北至南神木、绥德、安塞、固原和长武5个典型小流域，研究了淤地坝和坡面0～200cm土壤的土壤有机碳和无机碳储量。选择黄土高原由北至南5个小流域是因为其气候条件、土壤质地以及侵蚀强度不同（表2-1，图2-1）。同时汇集了全球范围内有拦蓄泥沙功能的淤地坝土壤碳库方面的研究，分析了淤地坝土壤碳含量、储量、来源及其空间异质性。

## 3.1 淤地坝土壤碳含量及影响因素

### 3.1.1 淤地坝土壤有机碳含量

本研究区土壤有机碳含量的均值为1.75g/kg（0.41～9.71g/kg），均属于中等变异。黄土高原土壤5个小流域有机碳含量表现为南高北低（图3-1），与土壤黏粒含量的分布一致。安塞、固原和长武0～200cm土层有机碳含量（分别为2.02g/kg、2.25g/kg和1.93g/kg）大于神木和绥德（分别为1.37g/kg和1.15g/kg）。土壤有机碳含量表现为随土层深度增大逐渐降低的趋势，并且在40～200cm土层差异不显著。

总体而言，对于黄土高原5个小流域0～200cm土层土壤，淤地坝土壤有机碳含量（2.06g/kg）显著高于坡面（1.43g/kg）（$P<0.05$）。淤地坝和坡面土壤有机碳含量的差异受到地点和土层深度的影响。对于神木、安塞和固原，在0～200cm土壤剖面淤地坝有机碳含量（均值分别为1.95g/kg、2.67g/kg和2.91g/kg）大于坡面（均值分别为0.80g/kg、1.37g/kg和1.59g/kg），淤地坝与坡面有机碳含量的比值分别为2.45、1.95和1.83，说明在神木的差异要大于安塞和固原。这可能是因为在这三个地点中神木土壤质地最粗、极端降水侵蚀力最大（表2-1），侵蚀-搬运-沉积作用使淤地坝的有机碳含量远大于坡面。在这三个地点，有机碳含量在淤地坝和坡面的差异在神木0～10cm土层、安塞

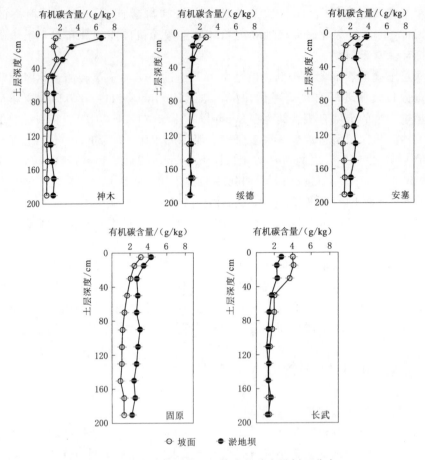

图 3-1 淤地坝和坡面土壤有机碳含量剖面分布

40～100cm 土层以及固原 80～160cm 土层较大。通常来说深层土壤有机碳是老碳，而表层土壤有机碳是新碳（VandenBygaart et al.，2015）。侵蚀-搬运-沉积导致有机碳在淤地坝富集，安塞和固原不同地形有机碳含量的差异在深层土壤更大，可能是历史侵蚀事件中土壤侵蚀强度较大，从而坡面和淤地坝土壤有机碳含量的差异在深层土壤更大。神木不同地形有机碳含量在表层土壤最大，可能是因为年均降雨量较低的神木，地势较低的淤地坝土壤水分条件较好，植物输入土壤的新碳较多。

由图 3-1 可以看出，长武 10～20cm 及 20～40cm 土层有机碳含量表现为坡面（分别为 4.08g/kg 和 3.65g/kg）显著大于淤地坝（分别为 2.25g/kg 和 2.29g/kg），40～200cm 土层无显著差异（$P>0.05$）。绥德 0～10cm 及 10～20cm 土层有机碳含量为坡面（分别为 2.68g/kg 和 1.83g/kg）显著大于淤地坝（分别为 1.57g/kg 和 1.22g/kg），20～200cm 土层无显著差异（$P>0.05$）。

长武和绥德表层土壤有机碳含量表现为坡面大于淤地坝，这可能与植物补偿输入有关（Berhe et al.，2007；Harden et al.，1999），即在侵蚀坡面流失的碳一部分总会通过新碳的输入而部分补偿。在长武和绥德，坡面植物输入的有机碳补偿了因为侵蚀而损失的有机碳，并且这种作用在表层土壤更大，使得坡面表层土壤有机碳含量大于淤地坝。同样是在长武，Du 等（2020）在裸露小区的研究表明，坡度为 10°和 20°裸露小区 0～10cm 土壤中的有机碳含量（17.49g/kg 和 16.24g/kg）均小于集水槽泥沙中有机碳含量（分别为 20.70g/kg 和 20.99g/kg）。本研究与 Du 等（2020）研究结果的差异可能来自植物碳的输入。

在坡面，土壤有机碳含量和黏粒含量显著正相关（$P=0.009$），但是在淤地坝有机碳含量和黏粒含量没有显著的相关关系（$P=0.670$），说明在淤地坝有机碳含量不受土壤黏粒含量的影响，而主要是受到侵蚀-沉积作用控制。但是无论在坡面还是淤地坝，土壤有机碳含量均与团聚体稳定性呈正相关关系（$P<0.001$），说明团聚体稳定性越高的土壤有机碳含量越高，这一点并不受地形影响。

侵蚀导致有机碳的再分布并且在地势低洼的区域埋藏，沉积的过程可能代表了侵蚀条件下景观尺度的碳固存。但是土壤侵蚀下的碳固存只有在坡面的碳被补充的情况才可能发生（Berhe et al.，2007；Harden et al.，1999）。VandenBygaart 等（2015）在加拿大 6 个省份关于侵蚀和沉积地形土壤有机碳含量的研究发现，在 Alberta、Saskatchewan、Manitoba、Ontario 和 P. E. I. 地点，淤地坝表层土壤（<20cm）有机碳含量大于坡面，并且有机碳年龄小于坡面；在 New Brunswick，坡面表层土壤有机碳含量大于淤地坝，并且有机碳年龄小于淤地坝。侵蚀-沉积体系对外界新鲜有机质的输入是开放的，因此通过测定 $^{14}$C 可以提供一个新鲜有机碳输入的敏感指标（Trumbore，2009）。新碳（年龄小于 60 年）的存在代表侵蚀体系损失的碳通过新鲜有机物质的输入而补偿。因此，在进一步的研究中可以采取 $^{14}$C 同位素技术判定有机碳年龄，进一步证实绥德和长武坡面高含量的有机碳来自坡面较高的地上植物输入。

淤地坝拦蓄泥沙是历次侵蚀性降雨事件流域产沙的集合体。淤地坝中埋藏的沉积物土壤有机碳主要来源于侵蚀区土壤。通过对我国淤地坝的文献调查，综合国外干旱、半干旱区有泥沙拦蓄功能的 check dam 的文献调查，对淤地坝沉积物土壤和侵蚀区来源土壤有机碳进行对比研究，以明确淤地坝沉积物土壤有机碳的富集或贫化状态。国外有泥沙拦蓄功能的 check dam 翻译为淤地坝，淤地坝和 check dam 的区别见 1.1.4 节。这些研究主要是在小流域尺度上进行的，少数研究是在区域尺度上进行。通过将淤地坝沉积物土壤有机碳除以侵蚀区来源土壤中的有机碳计算其富集比。研究发现，淤地坝沉积物土壤有机碳含量或密度可能比侵蚀区来源土壤高，也可能比侵蚀区土壤低，即存在淤地坝土壤有机碳相比侵蚀区土壤富集或贫化（表 3-1）。

**表 3-1　淤地坝土壤和侵蚀区来源土壤碳的富集比**

| 研究区 | 采样深度/cm | | 富集比 | | | | 参考文献 |
|---|---|---|---|---|---|---|---|
| | 淤地坝土壤 | 侵蚀区土壤 | 有机碳含量 | 有机碳密度 | 碳氮比 | 黏粒含量 | |
| 中国黄土高原 | 0~25 | | 1.24 | — | 0.85 | 1.88 | Tong 等 (2020) |
| 中国黄河流域 | — | | 1.1 (表层), 0.8 (深层) | — | — | — | Ran 等 (2014) |
| 西班牙 Corneja | 0~30 | 0~10 | 6.27 | — | 4.67 | 接近 1 | Mongil-Manso 等 (2019) |
| 西班牙 Sequra | 至淤地坝底部 | 0~10 | 0.47 | — | — | — | Boix-Fayos 等 (2015) |
| 西班牙 Murcia | 至淤地坝底部 | 0~10 | 0.5±0.1 | — | — | — | Nadeu 等 (2015b) |
| 西班牙 Rogativa | 至淤地坝底部 | 0~10 | 0.59±0.43 | — | — | 1.17±0.42 | Boix-Fayos 等 (2009) |
| 西班牙 Cárcavo | 0~30 (其中一个子流域是 0~325) | 整个剖面 | 0.43 (WL), 1.5 (CP) | — | 0.66 (WL) | 1.23 (CP) | Boix-Fayos 等 (2017) |
| 中国朱家寨 | 0~20 | | 1.52 (CP-T), 1.54 (GL), 1.80 (CP-S), 2.00 (WL), 4.86 (SL) | 0.95 (WL), 1.01 (SL), 0.76 (GL), 1.35 (CP-T), 1.18 (CP-S) | 0.65 (CP-T), 0.74 (GL), 0.73 (CP-S), 0.76 (WL), 0.78 (SL) | 2.95 (CP-T), 2.52 (GL), 2.88 (CP-S), 3.89 (WL), 7.83 (SL) | Hu 等 (2019) |
| 中国纸坊沟 | 0~500 | | — | | — | 1.51 (WL), 1.47 (SL), 1.42 (GL), 1.40 (CP-T), 1.21 (CP-S) | Zhang 等 (2013) |

续 表

| 研究区 | 采样深度/cm | | 富集比 | | | | 参考文献 |
|---|---|---|---|---|---|---|---|
| | 淤地坝土壤 | 侵蚀区土壤 | 有机碳含量 | 有机碳密度 | 碳氮比 | 黏粒含量 | |
| 中国王茂沟 | 0~100 | | 0.84 (SL),<br>0.86 (WL),<br>0.87 (CP-T),<br>0.87 (GL),<br>0.92 (CP-S) | 0.85 (SL),<br>0.84 (WL),<br>0.84 (CP-T),<br>0.86 (GL),<br>0.89 (CP-S) | — | — | Shi 等 (2019) |
| 中国王茂沟 | 0~100 | | <1 | 0.89 (GL),<br>0.85 (CP),<br>0.87 (WL),<br>0.92 (CP-T) | — | — | Zhao 等 (2017) |
| 中国桥子沟 | 0~10 | | 0.79 (FL) | — | 0.79 (FL) | 1.00 (FL) | Xiao 等 (2018a) |
| 中国桥子沟 | 0~20 | | 0.56±0.10 | — | — | 1.84±0.42 | Liu 等 (2017b) |
| 西班牙 Quipar | 0~30 | | 0.8 | — | 0.8 | 接近 1 | Romero-Diaz 等 (2012) |
| 中国龙门 | 0~30 | | <0.2 (WL) | — | — | 0.42 (WL) | Zhang 等 (2020) |

注 WL 为林地，包括森林地和果园；SL 为灌木；GL 为草地；CP 为农地（没有特别说明其他特点）；CP-T 为梯田农地；CP-S 为坡耕地；FL 为撂荒农地。侵蚀区括号内的文字说明了土地利用方式，如果没有特别标明其土地利用方式，侵蚀区示采集了侵蚀区域内所有土地利用类型的土壤。

### 3.1.2 淤地坝土壤有机碳含量的影响因素

历次侵蚀事件中流失的土壤在淤地坝中汇集,淤地坝沉积物中土壤有机碳含量的富集和贫化主要取决于土壤侵蚀类型、侵蚀区土地利用、泥沙连通性、运移过程中有机碳的损失等因素(图3-2)。在淤地坝中,土壤有机碳的固定和释放主要受到植物输入、有机碳矿化、团聚体的破碎与再团聚、有机碳埋藏、可溶性有机碳淋溶等过程的影响(图3-3)。

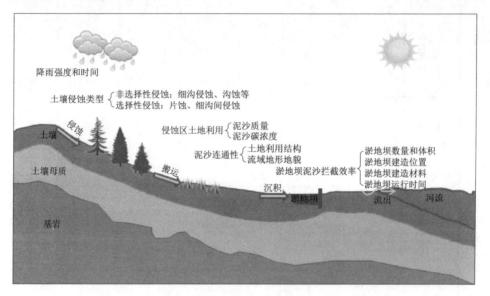

图3-2 淤地坝土壤有机碳含量及储量的影响因素

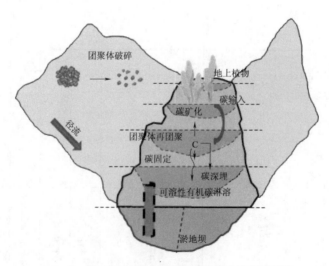

图3-3 淤地坝土壤碳固定和释放的主要影响因素

#### 3.1.2.1　土壤侵蚀类型

不同的土壤侵蚀类型会迁移不同有机碳含量的土壤颗粒（Schiettecatte et al.，2008）。在选择性侵蚀过程中，如片蚀和细沟间侵蚀，表层土壤中的粉黏粒和轻组分有机碳随低强度降雨迁移，这部分土壤颗粒的有机碳含量较高，有助于淤地坝沉积物中土壤有机碳的富集（Lal，2003；Mongil - Manso et al.，2019；Tong et al.，2020）。在非选择性侵蚀过程中，如细沟侵蚀和切沟侵蚀，深层土壤或母质在强降雨期间以相对较高的流速和输送能力被运移，这部分土壤颗粒及母质的有机碳含量较低，这导致淤地坝沉积物中土壤有机碳含量的贫化（Boix - Fayos et al.，2009；Xiao et al.，2018a）。重力侵蚀，如滑坡和崩塌，会将土壤整体运移（Zhang et al.，2020）。西班牙两个子流域的对比实验表明，表层土壤在以选择性侵蚀过程为主的子流域中被侵蚀搬运，而深层土壤在以非选择性侵蚀为主的子集水区中被侵蚀搬运（Nadeu et al.，2012）。同一流域内不同侵蚀过程产生的沉积物中土壤有机碳的富集程度也不同，坡耕地土壤被侵蚀后产生沉积物中土壤有机碳含量最高，河岸侵蚀沉积物中的有机碳含量最低（Nadeu et al.，2011）。在西班牙 Quipar 流域的 18 个小流域中观察到淤地坝沉积物中土壤有机碳含量与侵蚀泥沙产量之间存在负相关关系（Romero - Díaz et al.，2012），这表明剧烈的土壤侵蚀过程输送了大量有机碳含量低的泥沙（Nadeu et al.，2011）。这些研究表明，不同土壤侵蚀类型导致侵蚀过程中搬运沉积的土壤有机碳含量不同，低强度降雨挟沙能力弱，片蚀和细沟间侵蚀选择性地优先迁移富含有机碳的细颗粒；暴雨水流能量大，能搬运质量较大但有机碳含量较低的粗颗粒。

土壤侵蚀类型除了直接影响淤地坝沉积物土壤有机碳含量外，还以两种方式间接影响淤地坝土壤有机碳的稳定性。首先，非选择性侵蚀相比选择性侵蚀更剧烈，其快速沉积过程将减少团聚体破坏从而增强土壤有机碳的物理保护（Van Hemelryck et al.，2011）。其次，非选择性侵蚀携带的深层土壤或土壤母质中含有较老的有机碳，与选择性侵蚀过程移动的较年轻的表层土壤有机碳相比，年龄较老的有机碳更不易被分解（Lal，2003；Stallard，1998）。那么从矿化角度来看，非选择性侵蚀过程可能会导致淤地坝沉积物土壤有机碳的富集。Nadeu 等（2012）报告称，在以非选择性侵蚀为主的子流域中，淤地坝沉积物中有机碳的富集比明显大于以选择性侵蚀为主的子流域。

土壤黏粒和放射性核素 [137]Cs 可以部分说明土壤侵蚀的类型，因为它们与有机碳具有相同的迁移路径（Boix - Fayos et al.，2017）。对于剧烈的土壤侵蚀事件，由于粗颗粒在淤地坝聚集导致淤地坝沉积物中土壤有机碳含量较低（Zhang et al.，2020），低强度的土壤侵蚀事件中，黏粒在淤地坝中积累有利于淤地坝沉积物中土壤有机碳的富集（Mongil - Manso et al.，2019）。然而，淤地坝沉积物中黏粒的积累不一定代表了土壤有机碳的富集（表 3 - 1）（Liu et al. ，2017b；Zhang et al. ，2013）。通过 $^{137}$Cs 数据可以更准确地识别沉积物来源。放射性核素 $^{137}$Cs 一旦沉降，它会被表层土壤的细颗粒强烈而迅速地吸附，并随土壤颗粒侵蚀移动（杨明义等，2001）。在选择性侵蚀过程中，由于富含 $^{137}$Cs 的表土被侵蚀搬运，侵蚀区土壤的 $^{137}$Cs 值较低，而沉积区土壤的 $^{137}$Cs 值较高（Li et al. ，2015；Xiao et al. ，2017）。沉积区土壤的 $^{137}$Cs 值低于侵蚀区土壤中的 $^{137}$Cs 值，表明沉积物来自非选择性侵蚀过程（如切沟侵蚀）运移的深层土壤（Xiao et al. ，2018a）。然而，多种土壤侵蚀过程的相互作用在流域和更大范围内同时发生，确定每种侵蚀类型的土壤侵蚀强度将有助于进一步了解淤地坝沉积物中土壤有机碳的富集或贫化（Nadeu et al. ，2011）。

### 3.1.2.2　侵蚀区土地利用

侵蚀区土地利用对于确定土壤侵蚀产沙量及其有机碳含量至关重要。据报道，在农地为主要土地利用类型的流域中，主要发生非选择性侵蚀过程；而在森林为主要土地利用类型的流域中，主要发生选择性侵蚀过程（Nadeu et al. ，2012）。淤地坝沉积物土壤和侵蚀区土壤的有机碳含量的比较表明，如果侵蚀区土壤的有机碳含量较低，那么淤地坝相比侵蚀区土壤有机碳的富集比通常较高，因为有机碳含量较低的侵蚀区土壤结构较差、抗蚀能力小，通常更容易被侵蚀（Romero - Díaz et al. ，2012）。例如，相比侵蚀区为林地或草地，侵蚀区为农地时淤地坝沉积物土壤有机碳富集比更高（Boix - Fayos et al. ，2017；Zhang et al. ，2013）。

基于研究目的和研究区域的自然条件，可采用不同的采样方法。为了在流域尺度上获得淤地坝沉积物土壤和侵蚀区来源土壤有机碳的综合比较，大多数研究对侵蚀区所有土地利用类型土壤进行采样（Tong et al. ，2020；Liu et al. ，2017b；Nadeu et al. ，2015b；Zhao et al. ，2017；Zhang et al. ，2013），或使用现有的土壤地图数据集（Mongil - Manso et al. ，2019；Romero - Díaz et al. ，2012）来代表侵蚀区来源土壤，然后计算淤地坝沉积物土壤有机碳富集比的平均值。在这些研究中，大量细致的土壤采样工作为明确整个流域内淤地坝沉积物土壤有机碳的富集或贫化提供了宝贵的信息。然而，在这种情况下，这些研究的基本假设是不同的土地利用对淤地坝沉积物中土壤有机碳的贡献相当，而侵蚀区不同土地利用土壤对淤地坝沉积物中土壤有机碳贡献率的差异性可能导致这种算术平均方法不准确。一些研究对侵蚀区的各种土地利用类型进行了抽样，旨在将淤地坝沉积物土壤有机碳与流域侵蚀区的主要土地利用类型进行比较（Boix - Fayos et al. ，2017）或与代表性侵蚀区的主要土壤利用类型进行比较（Xiao et al. ，2018a）。

对于采样深度而言，由于表层土壤更容易受到侵蚀，因此通常采集侵蚀区表层 10cm 或 20cm 土壤样品（表 3 - 1）（Boix - Fayos et al.，2009，2015；Liu et al.，2017b；Nadeu et al.，2015b；Xiao et al.，2018a）。对淤地坝通常是采集从地表到淤地坝沉积物底部土壤（Boix - Fayos et al.，2009，2015；Nadeu et al.，2015b），或根据其研究目的在一定深度进行。

### 3.1.2.3　泥沙连通性

在流域或更大尺度，侵蚀运移的土壤颗粒没有直接沉积在淤地坝中，而是在沉积前被运移了很长一段距离（Boix - Fayos et al.，2015；Nadeu et al.，2012）。流域土地利用结构和流域形态特征（如流域面积、沟壑密度、坡度等）将影响泥沙连通性，从而影响淤地坝沉积物土壤有机碳含量（Boix - Fayos et al.，2009；Nadeu et al.，2012）。流域土地利用结构影响沉积物连通性，因为在泥沙运移过程中植被的阻碍会降低水文和泥沙连通性（Gyssels et al.，2005）。例如，相互靠近的农地和沟道有利于良好的泥沙连通性，使得侵蚀的土壤能以较高的运移效率输送到淤地坝中，从而减少了泥沙在运移过程中的沉积以及土壤有机碳的矿化损失（Nadeu et al.，2014）。在西班牙的 Rogativa 流域（约 $50km^2$）运移过程中沉积的土壤有机碳比例为 26％（Nadeu et al.，2014），在美国密西西比流域（约 $4000km^2$）运移过程中沉积的有机碳比例为 90％（Smith et al.，2005）。在大面积区域，途中沉积的泥沙只能通过强降雨移动，从而减少了侵蚀区（源）和淤地坝（汇）之间的联系。由于沿输送路径的矿化作用，运移距离越长，地形越复杂，有机碳损失越大（Kirkels et al.，2014）。例如，在流域面积较小的淤地坝沉积物土壤中有机碳的富集比高于流域面积较大的淤地坝（Liu et al.，2017b；Romero - Díaz et al.，2012）。Boix - Fayos 等（2017）发现，连通性良好的凹坡有助于泥沙运移，淤地坝沉积物中土壤有机碳含量较高。侵蚀区如何与淤地坝相连，以及泥沙连通性如何随土地利用、侵蚀类型和时间尺度而变化，在确定淤地坝沉积物土壤有机碳的富集或贫化方面起着关键作用。

### 3.1.2.4　泥沙运移过程的有机碳损失

侵蚀、运输和沉积过程中有机碳的矿化也可能导致碳的损失（Boix - Fayos et al.，2009）。在侵蚀和运输过程中，在降雨和径流的冲刷作用下团聚体破碎分解，降低了团聚体对土壤有机碳的物理保护，使其更容易矿化分解（de Nijs et al.，2020）。对于面积较大的流域，运移路径较长，更加强了团聚体破碎分解导致的土壤有机碳的释放（Boix - Fayos et al.，2015）。相对较短的运输距离有效地保留了团聚体中的有机碳，并且在运输过程中几乎没有有机碳矿化的机会。侵蚀的土壤颗粒在淤地坝中埋藏沉积，这一过程持续数小时到几十年，因此，沉积物在淤地坝的埋藏过程中也存在土壤有机碳矿化导致的碳损失（Boix - Fay-os et al.，2015）。如果在迁移搬运过程中土壤有机碳分解强烈，进入沉积区的泥沙土壤有机碳含量较低但稳定性较高，反之泥沙含有大量易分解的活性有机碳（de Nijs et al.，2020）。淤地坝沉积物在埋藏过程中土壤有机碳的矿化取决于有机碳含量、有机碳分解的难易程度、微生物活性和环境因素（Doetterl et al.，2016；Liu et al.，2017b）。较快的掩埋速率能迅速将泥沙埋藏隔绝空气，较慢的掩埋速率会导致泥沙有机碳在干湿交替影响下加速分解（Chaopricha et al.，2014）。淤地坝泥沙的可溶性有机碳（Nadeu et al.，2011）和易氧化有机碳（Sun et al.，2016）含量随埋藏深度的增大而减小，说明随着埋藏时间的延长活性碳组分逐渐损失。几乎所有研究都报告了淤地坝沉积物土壤有机质碳氮比小于1，表明沉积物土壤有机碳更容易被微生物利用（Rumpel et al.，2011）。土壤碳氮比随有机碳矿化而降低，沉积物中较低的碳氮比表明有机碳在搬运和沉积过程中因矿化而损失较大。

### 3.1.3 淤地坝土壤无机碳含量及影响因素

淤地坝沉积物土壤中无机碳的研究相对较少。在流域尺度上，Romero-Díaz等（2012）的报告称，西班牙Quipar流域侵蚀区和淤地坝土壤中的总碳酸钙含量相似，其含量分别为546g/kg和506g/kg。在区域尺度上，Tong等（2020）的报告称，与中国黄土高原上的侵蚀区来源土壤相比，淤地坝中的沉积物积累了更多的无机碳，其无机碳含量的富集比为1.24。对于干旱和半干旱区域，土壤无机碳是主要的碳形式。在土壤干燥过程中，碳酸钙很容易被径流溶解和迁移，并在沉积区重新沉淀。此外，沉积区有机碳分解和根系呼吸产生的$CO_2$有助于无机碳的形成。Tong等（2020）还发现，侵蚀区和淤地坝中土壤无机碳和有机碳含量之间的关系不同。在他们的研究中，侵蚀区表层土壤（0～25cm）无机碳与有机碳呈负相关关系，而淤地坝深层土壤（>100cm）无机碳与有机碳呈正相关关系，这是由于侵蚀区和淤地坝土壤结构的差异，导致其碳酸盐溶解和沉淀过程不同。在黄土高原，由于土壤pH值较高且无机碳是土壤碳的主要组成部分（Tan et al.，2014），因此对黄土高原淤地坝沉积物中土壤无机碳的进一步研究非常重要。

## 3.2 淤地坝土壤碳储量及影响因素

### 3.2.1 淤地坝土壤有机碳储量

在黄土高原由北至南分布的神木、绥德、安塞、固原和长武，分别采集了淤地坝和坡面0～200cm土壤样品，并计算了其土壤有机碳储量。0～20cm、0～100cm和0～200cm淤地坝土壤有机碳储量均值分别为8.17Mg/hm²、30.35Mg/hm²和53.18Mg/hm²，坡面土壤有机碳储量均值分别为5.89Mg/hm²、19.47Mg/hm²和32.85Mg/hm²（图3-4），淤地坝土壤有机碳储量是坡面土壤有机碳储量的约 1.5 倍，说明淤地坝沉积物储存了大量的土壤有机碳，相比坡面更能发挥土壤碳汇作用。淤地坝和坡面土壤有机碳储量的差异性受到研究区地点的影响。神木、安塞和固原 0～200cm 土层土壤有机碳储量在淤地坝分别为 48.12Mg/hm$^2$、77.03Mg/hm$^2$ 和 67.77Mg/hm$^2$，在坡面分别为 21.41Mg/hm$^2$、32.71Mg/hm$^2$ 和 35.58Mg/hm$^2$，淤地坝与坡面有机碳储量的比值分别为 2.25、2.35 和 1.90。这些结果说明，对于神木、安塞和固原，淤地坝土壤有机碳储量是显著大于坡面的，这种差异在神木和安塞要大于固原。绥德和长武淤地坝和坡面土壤有机碳储量没有显著差异。

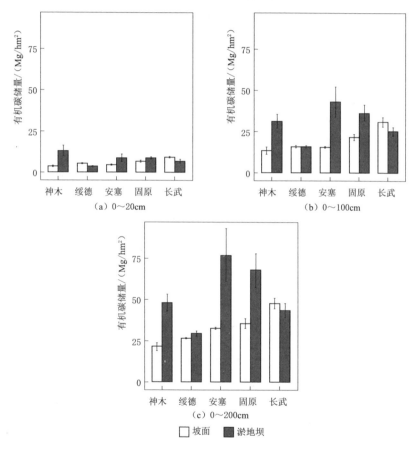

图 3-4　淤地坝和坡面土壤有机碳储量

同时土壤侵蚀沉积过程改变了土壤有机碳储量的空间分布格局。在淤地坝，0～200cm 土层有机碳储量则表现为安塞和固原（77.03Mg/hm$^2$ 和 67.77Mg/hm$^2$）大于神木、长武和绥德（48.12Mg/hm$^2$、43.52Mg/hm$^2$ 和 29.46Mg/hm$^2$）。在坡面，0～200cm 土层有机碳储量总体呈现出南高北低的趋势，即长武和固原（47.82Mg/hm²和35.58Mg/hm²）大于安塞、绥德和神木（32.71Mg/hm²、26.71Mg/hm²和21.40Mg/hm²）。不同地点土壤有机碳储量在淤地坝和坡面分布模式不同，说明气候条件或者土壤质地对有机碳储量的影响受到土壤侵蚀或沉积的作用。该研究结果也表明在大的区域尺度探讨土壤有机碳储量时，需要考虑土壤侵蚀和沉积因素。Wang等（2018a）和Olson等（2016）也强调，在研究土壤有机碳储量时，地形的选择非常重要，如果选择侵蚀区可能低估土壤有机碳储量，而选择沉积区可能高估土壤有机碳储量。

淤地坝拦蓄了历次侵蚀泥沙，淤地坝拦蓄的大量泥沙在碳储存中发挥着重要作用。进一步汇总了国内淤地坝和国外有泥沙拦蓄功能的 check dam（在此称为淤地坝）中有机碳的储量（表 3-2），研究发现淤地坝沉积物中储存了大量的有机碳。例如，黄土高原淤地坝储存土壤有机碳 9.52 亿 t，是整个黄土高原植树种草所截留的有机碳的 400 多倍（Wang et al.，2011），约占黄河流域侵蚀碳总量的 1/6（Ran et al.，2014）。除了淤地坝拦蓄泥沙碳的储存和埋藏对土壤碳汇的直接贡献，淤地坝小气候的改善和肥沃的土壤有利于植被的生长，这会增加淤地坝中的生态系统碳汇。西班牙 Villantodrigo 地区修建淤地坝后，由于泥沙的拦蓄和植被覆盖度的增加，产生了 23.64Mg $CO_2$ 的碳汇效应（Galicia et al.，2019）。在美国泥炭地修建淤地坝后，生态系统碳净固存速率从 1.28g $CO_2/(m^2 \cdot h)$ 增加到 2.19g $CO_2/(m^2 \cdot h)$（Schimelpfenig et al.，2014）。目前主要研究集中在淤地坝土壤有机碳储量，对淤地坝生态系统碳储量的研究相对有限，需要对此进行进一步研究。

表 3-2　　　　　　　　　　全球淤地坝土壤有机碳储量

| 项目 | 研究区 | 面积 /km² | 年均降水量 /mm | 运行时间 | 有机碳储量 /Gg | 有机碳积累速率/[Mg C /(km²·a)] | 参考文献 |
|---|---|---|---|---|---|---|---|
| 区域 | 中国黄河 | 752000 | 250～700 | 1950—2010 | 168000 | 3.72 | Ran 等（2014） |
| | 中国黄土高原 | 640000 | 300～700 | 约 50 年 | 952000 | 29.75 | Wang 等（2011） |
| | 中国黄土高原 | 640000 | 300～700 | 1949—2002 | 945000 | 27.86 | Wang 等（2014c） |
| | 中国延安市 | 37000 | 508 | — | 42300 | — | Lü 等（2012） |
| | 中国无定河 | 30261 | 300～500 | | | 2.58 | Ran 等（2018） |
| 流域 | 中国岔巴沟 | 187 | 449.5 | 1970—1999 | 63.7 | 11.75 | Zeng 等（2020a） |
| | | | | 2000—2019 | 27 | 7.6 | |
| | 中国席家寨 | 3.1 | 534 | 2004—2016 | 1.41 | 37.9 | Liu 等（2018a） |
| | 中国羊圈沟 | 2.02 | 564 | 1957—2003 | 0.5 | 5.38 | Dahlke 等（2012） |
| | 中国堰沙沟 | 0.69 | 451 | 1969—1999 | 0.41 | 19.76 | Zeng 等（2020b） |
| | | | | 2000—2015 | 0.12 | 11.98 | |

续表

| 项目 | 研究区 | 面积/km² | 年均降水量/mm | 运行时间 | 有机碳储量/Gg | 有机碳积累速率/[Mg C/(km²·a)] | 参考文献 |
|---|---|---|---|---|---|---|---|
| 淤地坝 | 埃塞俄比亚 Minizr 流域 5 个淤地坝 | — | 1330 | — | 0.14（平均值） | — | Mekonnen 等（2020） |
| | 西班牙 Quipar 河流 18 个淤地坝 | — | 287 | — | — | 0.61（平均值） | Romero-Diaz 等（2012） |
| | 中国南雁沟 | 0.18 | 513 | 1960—1990 | 0.17 | 32.04 | Wang 等（2017） |
| | 埃塞俄比亚阿姆哈拉州的 6 个淤地坝 | 0.35～1.05 | 1080～1395 | — | 0.28（平均值） | — | Addisu 等（2019） |

### 3.2.2 淤地坝土壤有机碳储量影响因素

淤地坝拦蓄有机碳的能力主要取决于泥沙输入的有机碳量和淤地坝拦沙能力。影响侵蚀产沙的因素（如气候、土壤类型、地形和土地利用）和淤地坝拦沙能力的因素（如淤地坝库容、数量、建筑材料、建造位置和运行时间）控制了淤地坝沉积物的土壤碳储量（图 3-2）。

在不同尺度上，淤地坝土壤有机碳储量控制因素及其影响效力有所差异（图 3-5）。无论在区域尺度还是单个淤地坝尺度，淤地坝库容是影响淤地坝土壤有机碳储量的重要因素（Lü et al.，2012）。在大尺度上，如区域尺度上，气候和土壤因素通过直接影响土壤侵蚀强度、产沙量及间接控制淤地坝的建设位置，在影响淤地坝碳储量方面发挥着关键作用。此外，土地利用特征（即土地利用类型和结构）、地形属性（沟壑密度和坡度）和淤地坝的特性（如拦河坝数量、控制流域面积）影响区域尺度上的淤地坝土壤有机碳储量（Lü et al.，2012）。在流域尺度上，淤地坝土壤有机碳储量更多地取决于流域的土地利用和地形，这主要控制着流域产沙和输沙。地形对淤地坝土壤有机碳储量的影响在流域尺度和区域尺度上有所不同。在流域尺度上，更陡峭的山坡和更大的沟道密度会产生更多的泥沙，这有利于淤地坝储存更多的碳；但是在区域尺度上，由于地形陡峭的山区修建淤地坝较为困难，淤地坝土壤有机碳储量与区域范围内的坡度和沟壑密度呈负相关（Boix-Fayos et al.，2009；Lü et al.，2012）。在单个淤地坝尺度上，土壤有机碳储量更多地取决于淤地坝特性，这将影响其截留效率。例如，与建造在流域上游区域的淤地坝相比，在流域下游修建的淤地坝可以拦截更多的泥沙，特别是细颗粒沉积物，从而有更大的土壤有机碳储量。淤地坝建筑材料同时也影响了淤地坝的拦沙效率（Mekonnen et al.，2020）。对于较小尺寸的淤地坝，淤地坝的形态特征（如坝高和面积）在有机碳储量中起作用，而对较大尺寸的淤地坝而言，这些因素对淤地坝土壤碳储量的影响较小（Lü et al.，2012）。因此，淤地坝土壤有机碳储量的影响因素在不同尺度上有所不同，在较大尺度上主要取决于产沙和拦沙因素，在较小尺度上主要取决于拦沙因素。

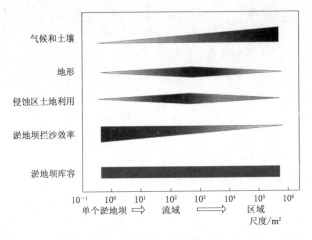

图 3-5　不同尺度淤地坝土壤有机碳储量影响因素及其影响程度

注　形状的颜色越深及尺寸越宽表明影响程度越大。

### 3.2.3　淤地坝土壤有机碳储量计算方法及其不确定性

淤地坝土壤有机碳储量是通过沉积泥沙体积、沉积泥沙土壤容重、沉积泥沙土壤有机碳含量三个参数的乘积计算。在区域尺度上，淤地坝沉积泥沙的体积通常用淤地坝的总库容代替，这假设了淤地坝已全部淤满，因而会高估淤地坝土壤有机碳储量（Lü et al.，2012）。淤地坝沉积物土壤有机碳含量和容重通常是采集具有代表性的淤地坝土壤样品，然后计算其平均值；或者从既往该区域发表的研究论文中获得，但是这些研究论文通常的采样数量有限并且采样深度不一致（Lü et al.，2012；Wang et al.，2014b）。尽管在区域尺度上有限的采样数量或者文献调研无法准确代表整个流域，但鉴于区域尺度上有机碳的高度空间异质性（Romero-Díaz et al.，2012），这样的近似估算为流域尺度上淤地坝土壤碳储量的计算提供了重要资料。以往有研究报告了通过平均泥沙沉积速率和泥沙有机碳含量相乘来计算淤地坝的有机碳积累速率，但在该研究中，淤地坝泥沙沉积速率基于产沙速率和淤地坝拦沙效率获得（Ran et al.，2018）。土壤侵蚀-碳耦合模型（SPEROS-C 模型）已成功用于评估土壤再分配过程引起的水平和垂直碳通量（Nadeu et al.，2015a；Dlugoß et al.，2012；Van Oost et al.，2005）。因此，通过使用土壤再分配模型结合 GIS 技术，可以改进非常粗略的空间尺度评估。

在流域和单个淤地坝的尺度上，由于其面积相对较小，使得直接测量淤地坝沉积泥沙有机碳储量成为可能。借助野外调查、几何三维图形和技术方法（如 GPS、DGPS 或高密度电阻率层析成像），可以精确测量淤地坝形态特征。根据淤地坝的形状不同，特别是横截面的形状，例如矩形和梯形，淤地坝中沉积泥沙体积的计算略有不同。通过将淤地坝分成长度为 1~3m 的几个部分，并使用矩阵演算法对其求和，可以获得更精确的淤地坝沉积泥沙体积（Mongil-Manso et al.，2019）。通过挖掘深坑或人工钻孔获取不同沉积层的容重和有机碳含量。有的研究只采集了淤地坝表层土壤（0~30cm）样品，测定其容重和有机碳含量，以代表淤地坝整个沉积剖面的平均值（Romero-Diaz et al.，2012）。有的研究对淤地坝沉积物剖面进行了精细的样品采集，并区分了特定时间段淤地坝土壤有机碳储量（Zeng et al.，2020a，2020b）。

淤地坝拦蓄的泥沙在沉积过程中，粗颗粒先沉积细颗粒后沉积，形成了下砂上黏的沉积旋回（张风宝等，2018）。基于淤地坝沉积旋回的二元结构、历史降雨资料、$^{137}$Cs 示踪断代技术等，能够解译土壤侵蚀强度、判别泥沙来源并反演流域侵蚀环境（赵恬茵等，2020）。因此，可以用于估算特定时期淤地坝沉积物中土壤有机碳储量。但是，由于时间和经费的限制，通常减少淤地坝采样个数实现这种精细的土壤采样方法。通常，仅在流域出口采集一个具有代表性的淤地坝沉积剖面（Zeng et al.，2020a，2020b），这将不可避免地导致偏差估计，因为在流域尺度上淤地坝沉积物土壤有机碳含量的空间异质性很大（Nadeu et al.，2015b）。

### 3.2.4　淤地坝土壤无机碳储量

在黄土高原由北至南的神木、绥德、安塞、固原和长武，采集了淤地坝和坡面 0~200cm 的土壤样品。土壤无机碳含量用气量法测定。碳酸盐是土壤无机碳的主要形式，土壤碳酸盐与 $CO_2$ 之间的动态平衡见式（3-1）和式（3-2）：

$$CO_2 + H_2O \longleftrightarrow HCO_3^- + H^+ \tag{3-1}$$

$$Ca^{2+} + 2HCO_3^- \longleftrightarrow CO_2 + H_2O + CaCO_3 \tag{3-2}$$

根据这两个公式，土壤 pH、$Ca^{2+}$ 或者 $Mg^{2+}$ 浓度的降低，或者 $CO_2$ 浓度的升高都可能导致土壤碳酸盐的溶解，土壤无机碳含量降低；反之，土壤 pH、$Ca^{2+}$ 或者 $Mg^{2+}$ 浓度的升高，或者 $CO_2$ 浓度的降低都会促进碳酸盐的沉淀，土壤无机碳含量增大。

研究区 0~20cm、0~100cm 和 0~200cm 土壤无机碳储量均值分别为 30.41Mg/hm²、163.06Mg/hm² 和 330.08Mg/hm²（图 3-6）。淤地坝和坡面土壤无机碳储量没有显著差异，这与淤地坝土壤有机碳储量显著大于坡面的研究结果（图 3-4）不同。黄土高原由北到南，土壤无机碳储量逐渐增加，神木、绥德、安塞、固原和长武 0～200cm 土壤无机碳储量分别为 158.69Mg/hm²、320.04Mg/hm²、354.48Mg/hm²、388.83Mg/hm² 和 428.36Mg/hm²，但是淤地坝和坡面土壤无机碳储量没有显著差异这一现象存在于每个小流域，说明土壤侵蚀和沉积对无机碳储量没有显著影响。

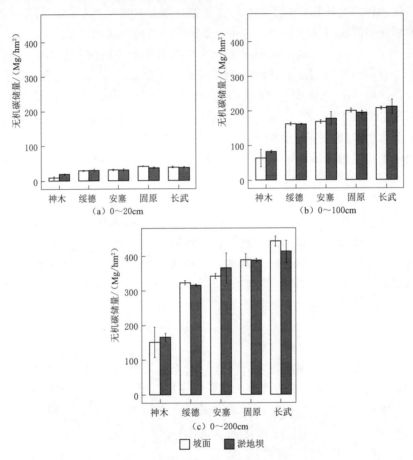

图 3-6　淤地坝和坡面土壤无机碳储量

　　对于 0～200cm 土层，黄土高原这 5 个小流域淤地坝的土壤有机碳、无机碳和全碳储量的均值分别为 53.18Mg/hm² 和 330.03Mg/hm²，坡面土壤有机碳和无机碳均值分别为 32.85Mg/hm² 和 330.18Mg/hm²（图 3-4，图 3-6）。淤地坝和坡面土壤无机碳储量分别占全碳储量的 86.12％ 和 90.96％。以往研究报道，黄土高原 0～100cm 土层土壤有机碳储量是 4.78Pg（Liu et al.，2011），土壤无机碳储量是 10.20Pg（Tan et al.，2014），即整个黄土高原无机碳储量占全碳储量的 68％，说明土壤无机碳是黄土高原碳的主要形式。

## 3.3　淤地坝土壤有机碳来源

### 3.3.1　研究方法及其优缺点

　　准确识别淤地坝土壤有机碳的来源至关重要，因为来源土壤的特性决定了侵蚀碳的含量和组成，从而影响了侵蚀后碳的稳定性。淤地坝截流保存的沉积物土壤的有机碳来源于原位植物碳的输入和侵蚀区土壤有机碳的外部输入。表3-3列出了示踪剂在测量淤地坝土壤有机碳来源方面的优点和缺点。

　　脂类生物标志物正构烷烃和荧光分光光度法等方法提供了淤地坝沉积物土壤有机碳内部和外部来源的信息。具有特定碳链的生物标志物正构烷烃代表高等植物、藻类、细菌和水生大型植物等来源（Chen et al.，2016），并且已证明它们可以区分自生来源和外来来源。荧光分光光度法可以区分自生来源、外来来源和人为来源（Derrien et al.，2017）。使用侵蚀区和沉积区域土壤样品的示踪方法（Liu et al.，2017a，2017b，2018a；Nadeu et al.，2012；Zeng et al.，2020b）和土壤侵蚀-碳动力学耦合模型（SPEROS-C）（Nadeu et al.，2015a），可以在流域尺度上确定侵蚀碳的外部来源的贡献比例。

　　确定沉积物土壤有机碳的来源需要遵从两个原则。第一个原则是示踪物在潜在来源之间存在显著差异。稳定同位素$^{13}$C是一种有效的示踪剂，因为它在不同的生态系统中因碳循环过程中的同位素分馏而显著不同，但当所有或大部分土地生长C3植物时，该方法不适用。地球化学元素在不同的地质区域表现出不同的模式，这限制了它们在地质条件相似的相对较小的流域中的应用（Gibbs，2008）。第二个原则是示踪剂相对稳定，能够抗外部干扰，降解较慢。脂质生物标志物（正构烷烃）在数十年内不易被生物降解。然而，正构烷烃在长时间尺度追踪和大流域中受到限制，因为它们会随着时间推移和长运输距离降解（Meyers，2003）。一些放射性核素被视为有价值的示踪剂，因为它们与土壤矿物紧密结合，很难用化学或生物方法去除，但由于半衰期短，随着时间的推移，它们的应用将逐渐变得不可靠。

　　考虑到不同来源的单个示踪剂的优点和局限性（表3-3），应结合流域大小、淤积时间和土地利用模式等因素，采用不同的示踪方法。例如，脂质生物标志物更适合小流域（Blake et al.，2012），而地球化学性质在大流域中更受青睐（Collins et al.，2012）。脂质生物标志物可以在相对较短的研究期内区分各种植被来源，地球化学性质是长期指标，但不能提供植物信息（Blake et al.，2012；Hancock et al.，2013；Meyers，2003）。因此，多种诊断特性的组合（复合指纹法）越来越重要。

表 3-3 淤地坝土壤有机碳来源的示踪方法、优点及其局限性

| 示踪方法 | 优点 | 局限性 |
|---|---|---|
| 稳定同位素（$^{13}C$，$^{15}N$） | 在同位素分馏有显著差异的生态系统内广泛应用 | 不能用于全部为C3植物的流域 |
| 放射性碳（$^{14}C$） | 确定碳的年龄，$^{14}C$含量越低表示有机碳的年龄越老（Trumbore，2009） | 不能单独用于溯源 |
| 放射性核素（$^{137}Cs$、$^{210}Pb$、$^{7}Be$等） | 确定土壤侵蚀速率 | 需要参考值，半衰期较短 |
| 元素组成（有机碳、全氮、碳氮比） | 补充其他方法而广泛应用 | 不能单独用于溯源 |
| 地球化学元素（微量金属、重金属、稀土元素、碱基离子等） | 指示长时期来源变化（Meyers，2003） | 不能提供植被信息（Blake et al.，2012）；历史时期地质变化较小，不同土地利用应在不同的地质区域（Gibbs，2008） |
| 脂类生物标志物（正构烷烃等） | 确定各种土地利用来源；确定自生来源和外来来源；区分特定地质区域的来源（Chen et al.，2017） | 要求研究期间的土地利用类型一致；不适用于大流域；在长时间尺度（10年以上）的溯源能力有限（Hancock et al.，2013）；特定正构烷烃的应用取决于沉积环境（Chen et al.，2016） |
| 荧光光谱法 | 确定自生来源、外来来源和人为来源（Derrien et al.，2017） | 仅适用于可溶性有机质 |
| 中红外光谱法 | 从数千个光谱特征中确定来源 | 仅能确定沉积物来源，而不能确定沉积物碳的来源 |

沉积物碳来源的识别基于潜在源区和沉积物之间指纹特征的比较，而忽略了沉积区域碳的原位贡献，这可能会导致对沉积碳的解释较少。在采样方法上，以往研究大多对侵蚀区 0～5cm 或 0～10cm 的表层土采样和沉积物整个剖面（通常到淤地坝底部）采样（例如，Wang et al.，2018b；Zeng et al.，2020b）。然而，这种采样方法有一个基本前提，即侵蚀区的当前有机碳水平可以代表泥沙淤积期间的有机碳水平。侵蚀区的表层土壤现在是通过侵蚀去除表层土壤后暴露的下层土壤。Nateu 等（2012）通过比较 $^{13}C$ 和 $^{14}C$ 值，对土壤和沉积物进行了剖面取样，以确定沉积物是来自表层土壤还是深层土壤。他们的剖面取样假设侵蚀区的碳条件与侵蚀前相同。鉴于未能在侵蚀前收集土壤，比较侵蚀区和沉积区域指纹特征的方法是可行的，但在识别沉积物碳来源时不可避免地存在误差。

## 3.3.2 研究结果

淤地坝土壤有机碳含量取决于侵蚀土壤的量及其有机碳含量。在先前的研

究中，淤地坝土壤有机碳大部分来自农田。例如，以往研究报道淤地坝土壤有机碳中 53.5%（Liu et al.，2018a）、81.3%（Wang et al.，2018b）和 45.0%（Nadeu et al.，2014）来自农田。耕作活动会破坏土壤团聚体、加剧地表破碎和土壤侵蚀，特别是在发生强降雨事件时，这些侵蚀的土壤颗粒携带土壤碳流失并在淤地坝中聚集。尽管森林土壤侵蚀强度很低，但是其对淤地坝土壤有机碳的贡献率大于 50%（Liu et al.，2017a）和 42%（Nadeu et al.，2014），这表明土壤有机碳含量较高但土壤侵蚀强度较低的森林土壤对淤地坝土壤有机碳贡献的重要性。由于造林时的机械破坏和较低的植被覆盖率，造林年限较短的森林土壤对淤地坝土壤有机碳的贡献更大（Liu et al.，2017a）。据报道，草地和切沟对淤地坝土壤有机碳的贡献相对较低（Liu et al.，2017a，2018b；Zeng et al.，2020b）。草地增加了降雨拦截并改善土壤稳定性，高覆盖率草地产生的泥沙很少。切沟的有机碳贡献相对较低，这是因为植被覆盖率低的切沟土壤有机碳含量同样也较低。因为不同时期土地利用的改变，不同来源土壤对淤地坝沉积物土壤有机碳的贡献率随淤积时期而变化（Liu et al.，2018a，2018b；Zeng et al.，2020b）。

## 3.4　淤地坝土壤有机碳的空间异质性

### 3.4.1　水平空间异质性

淤地坝沉积物的土壤有机碳含量与储量具有较高的空间异质性，无论是在区域尺度（Lü et al.，2012；Mongil - Manso et al.，2019；Romero - Díaz et al.，2012），还是流域和单个淤地坝尺度（Addisu et al.，2019；Boix - Fayos et al.，2017；González - Romero et al.，2018；Liu et al.，2017b）。例如，延安市北部的淤地坝有机碳储量高于南部（Lü et al.，2012），西班牙 Corneja 河上游流域 30 座淤地坝沉积物中土壤有机碳含量为 3.4~41.9g/kg（Mongil - Manso et al.，2019），埃塞俄比亚西北部 6 座淤地坝的沉积物中土壤有机碳含量为 20~290g/kg（Addisu et al.，2019）。

流域到区域尺度的有机碳含量与储量的空间变异性归因于淤地坝库容、数量和建成年份（Lü et al.，2012）、淤地坝的截留效率（Mongil - Manso et al.，2019）、流域面积（Liu et al.，2017b）、侵蚀区土地利用（Addisu et al.，2019）、淤地坝建造位置（Romero - Díaz et al.，2012）及地形因素（Lü et al.，2012），同时这些因素相互影响。例如，当考虑淤地坝建造位置和流域面积时，流域的上游或中游的有机碳含量通常高于下游（Boix - Fayos et al.，2017；Romero - Díaz et al.，2012）。但是，中游流域面积较小的淤地坝土壤有机碳含量高于下游流域面积较大的淤地坝土壤有机碳含量（Liu et al.，2017b）。在单个淤地坝内，淤地坝有机碳含量变化很大。通常，淤地坝沉积物中土壤有机碳含量沿着水流流动方向逐渐增加，在淤地坝坝前有机碳含量较高而在坝尾较低（Boix-Fayos et al.，2009，2017；Liu et al.，2018a；Nadeu et al.，2012）。由于土壤有机质吸附在黏粒上，淤地坝内有机碳的水平变化与细颗粒的分布相关。由于细颗粒通过水流输送所需的能量较少，细颗粒到达淤地坝的前部，而粗颗粒主要在淤地坝坝尾沉降（Nadeu et al.，2012；Wang et al.，2014a），这导致了单个淤地坝中土壤有机碳含量的水平异质性。Boix-Fayos 等（2017）对西班牙 Cárcavo 流域 8 个淤地坝有机碳含量的研究发现，每个淤地坝的泥沙沉积模式和有机碳的空间变异性各不相同。因此，淤地坝沉积物中土壤有机碳的含量和储量空间异质性高，受多因素的共同作用。

### 3.4.2　垂直空间异质性

淤地坝表层土壤有机碳含量通常较高，这是由于表层土壤植物凋落物和根系输入的有机碳较高。随土层深度的增加，淤地坝沉积物中土壤有机碳含量呈波动式变化，这不同于平坦地形或坡面，其深层土壤有机碳含量较低且较一致。淤地坝拦蓄泥沙是历次侵蚀性降雨事件流域产沙的集合体，由于泥沙沉积过程的颗粒分选效应，粗颗粒先沉积细颗粒后沉积，形成了下砂上黏的沉积旋回（张风宝等，2018）。剧烈的侵蚀会形成较厚的沉积层，而微弱的侵蚀会形成较薄的沉积层。由于沉积旋回中粗颗粒层和细颗粒层交替形成，导致有机碳在垂直方向上波动。出现这种现象是因为细颗粒沉积物中的有机碳含量通常比粗颗粒沉积物中的更高。深层土壤有机碳含量的波动变化是因为历次侵蚀事件中侵蚀土壤有机碳含量不同。当流域发生轻微土地利用变化时，淤地坝积物土壤有机碳含量随深度变化不大（Boix-Fayos et al.，2009；Nadeu et al.，2012），而当流域将大片农地改为草地时，有机碳含量显著下降（Wang et al.，2018b）。基于淤地坝沉积旋回的二元结构、历史降雨资料、$^{137}$Cs 示踪断代技术等，能够解译土壤侵蚀强度、判别泥沙来源并反演流域侵蚀环境（赵恬茵等，2020），进一步解析淤地坝有机碳含量的垂直空间变异性。

## 3.5　小结

淤地坝拦蓄的泥沙是重要的陆地生态系统碳汇。本章研究了黄土高原由北至南神木、绥德、安塞、固原和长武 5 个地点小流域淤地坝和坡面 0～200cm 土层土壤碳储量，发现淤地坝土壤有机碳储量（53.18Mg/hm²）是坡面有机碳储量（32.85Mg/hm²）的 1.62 倍，淤地坝土壤无机碳储量（330.03Mg/hm²）和坡面土壤无机碳储量（330.18Mg/hm²）差异不显著。相比侵蚀区坡面，典型沉积区淤地坝储存了数量巨大的有机碳，发挥了重要的土壤碳汇作用。

　　本章汇总了全球范围内有拦蓄泥沙功能淤地坝土壤碳汇的研究成果，包括淤地坝土壤有机碳含量、储量、来源及其空间异质性。研究发现与侵蚀区土壤相比，淤地坝沉积泥沙土壤有机碳含量可能出现相对富集或贫化，这取决于土壤侵蚀类型、侵蚀区土地利用、泥沙连通性和运移过程中的碳损失。全球淤地坝中储存了数量巨大的有机碳 [1～30Mg C/(km² · a)]，淤地坝土壤有机碳储量在较大尺度上依赖于土壤侵蚀产沙因素和淤地坝拦沙效率，在较小尺度上依赖于淤地坝拦沙效率。稳定同位素、放射性碳、地球化学性质、脂类生物标志物和光谱学方法可以确定淤地坝沉积泥沙土壤有机碳的来源，但由于其固有的局限性只能在特定情况下使用。淤地坝沉积泥沙中土壤有机碳含量通常沿水流路径方向从淤地坝坝尾到坝前增加，在垂直方向呈波动变化，这取决于淤地坝沉积旋回黏土层和砂土层的分布。

# 第 4 章

# 黄土高原淤地坝土壤氮含量及储量

　　氮是植物生长所必需的大量元素，也是陆地生态系统生产力的限制性营养因子，特别是在广大干旱、半干旱地区，氮一直被认为是仅次于水分的影响生态系统生产力和稳定性的关键因子。土壤中的氮绝大部分以有机态形式存在，一般不能被植物直接吸收利用。土壤易矿化氮（氨基酸、蛋白质、核酸、氨基糖和酰胺等）是土壤有效氮的主要来源；而无效氮（胡敏酸、富里酸和杂环氮等）难以被分解利用。Griffith 等（1976）发现，氨基酸是土壤氮中已知数量最多的有机态氮，约占土壤总氮含量的 56%。而土壤无机态氮（包括铵态氮和硝态氮）是植物吸收利用的主要氮形态，约占土壤全氮含量的 1%～5%（黄昌勇等，2010）。

　　尽管氮是影响陆地生态系统初级生产力的主要因素，并且在有机物质中碳和氮通常是结合在一起的，大部分的研究都集中于淤地坝土壤碳储量及碳循环，相对较少的学者研究了氮的动态变化。土壤侵蚀使富含氮的表层土壤迁移，使之沉积在坡下部位或者迁移出小流域，导致土壤氮在空间分布上的不同（Berhe et al.，2017）。同时，土壤侵蚀和沉积不仅会使表层土壤氮发生再分配，同时也会改变深层土壤氮的分布格局（Doetterl et al.，2016）。对于遭受严重侵蚀的地区，由于多年的侵蚀和沉积，沉积层可能有数米深（Boix-Fayos et al.，2017；Yao et al.，2022）。在侵蚀较弱的地点，土壤侵蚀的影响主要发生在表层土壤；在侵蚀较强烈的地点，土壤侵蚀的影响由表层土壤扩展到深层土壤。本章选取了黄土高原由北至南神木、绥德、安塞、固原和长武 5 个典型小流域（表 2-1，图 2-1），研究了淤地坝和坡面土壤全氮含量、储量及无机氮含量，同时研究了神木和安塞两个不同侵蚀类型区淤地坝全氮与无机氮含量的空间异质性。

## 4.1　淤地坝土壤全氮含量

　　黄土高原 5 个小流域土壤全氮含量表现为南高北低，从大到小依次为神木（0.12g/kg）、绥德（0.14g/kg）、安塞（0.21g/kg）、固原（0.35g/kg）、长武（0.33g/kg），与土壤黏粒及有机碳含量的分布一致（图4-1）。随土层深度增大，土壤全氮含量逐渐降低。平均所有的地点和土层深度，淤地坝全氮含量（0.28g/kg）大于坡面（0.18g/kg）。地形对全氮含量的影响受到地点和土层深度的作用。神木、安塞和固原淤地坝0~200cm土层全氮平均值分别为0.16g/kg、0.29g/kg和0.54g/kg，在坡面分别为0.09g/kg、0.14g/kg和0.16g/kg，淤地坝和坡面的比值分别为1.81、2.11和3.27，说明地形间的差异在固原最大。长武在0~40cm土层坡面全氮含量大于淤地坝，其他土层没有显著差异（$P>0.05$），说明长武0~40cm土层淤地坝土壤全氮相比坡面较低。绥德0~180cm土层全氮含量在淤地坝和坡面相似，说明植物输入的有机质补偿了侵蚀损失的氮。

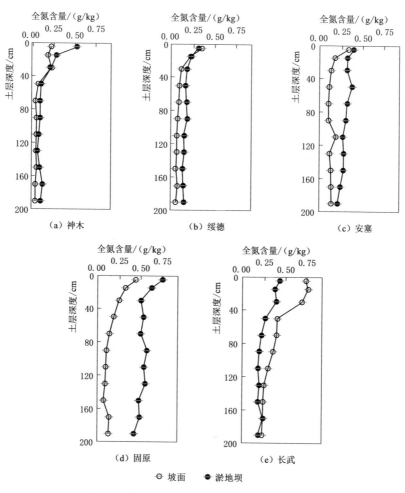

图4-1　淤地坝和坡面土壤全氮含量剖面分布

在侵蚀-沉积景观中，大部分的研究都集中于碳，相对较少的学者研究了氮的分布。以往的研究主要报道了沉积区相比坡面土壤氮富集的现象。例如，Wang 等（2020）发现比利时黄土带坡脚沉积区 0～200cm 土层土壤全氮含量大于临近侵蚀坡面。在本章中同样发现了神木、安塞和固原淤地坝土壤氮富集的现象。绥德淤地坝和坡面全氮含量相似，说明同样存在由于植物输入的有机质而补偿侵蚀损失氮的现象，但是 180～200cm 土层深度在坡面小于淤地坝，可能意味着植物输入有机质的补偿作用主要发生在上层土壤。但是在长武，0～40cm 土壤坡面全氮含量高于淤地坝，40～200cm 土壤全氮含量在淤地坝和坡面相差不大，说明 5 个地点中在水温条件最好的长武，植物输入有机质的补偿作用最大。

## 4.2　淤地坝土壤全氮储量

0～20cm、0～100cm 和 0～200cm 土层土壤全氮储量均值分别为 0.96Mg/hm²、3.30Mg/hm² 和 5.52Mg/hm²。土壤全氮储量存在明显的地域差异，并且在坡面和淤地坝不同（图 4-2）。在坡面，0～200cm 土层全氮储量总体呈现出南高北低的趋势，即长武最大（8.84Mg/hm²），固原、安塞、神木和绥德较小（分别为 3.47Mg/hm²、3.13Mg/hm²、2.13Mg/hm² 和 2.09Mg/hm²），与土壤黏粒含量的空间分布一致。在淤地坝 0～200cm 土层全氮储量则表现为固原（12.64Mg/hm²）最大，安塞和长武（8.40Mg/hm² 和 6.37Mg/hm²）次之，绥德和神木（4.30Mg/hm² 和 3.79Mg/hm²）较小。以上结果说明土壤侵蚀沉积过程改变了土壤全氮的空间分布。

土壤侵蚀沉积作用对土壤全氮储量的影响与地点有关（图 4-2）。对于神木，0～20cm 及 0～100cm 土层，土壤全氮储量在淤地坝和坡面差异不显著（$P >$ 0.05）。对于绥德和安塞，0～20cm 土层全氮储量在淤地坝和坡面差异不大（$P >$ 0.05），但是 0～100cm 及 100～200cm 土层均表现为淤地坝显著大于坡面。对于固原，0～20cm、0～100cm 和 0～200cm 土层全氮储量均表现为淤地坝显著大于坡面。长武 0～20cm 土层全氮储量为坡面大于淤地坝，但是 0～100cm 及 100～200cm 土层土壤全氮储量不受地形的影响（$P >$ 0.05）。在 0～200cm 土层，神木、绥德、安塞和固原土壤全氮储量在淤地坝分别为 3.79Mg/hm²、3.39Mg/hm²、8.40Mg/hm² 和 12.65Mg/hm²，在坡面分别为 2.13Mg/hm²、2.09Mg/hm²、3.13Mg/hm² 和 3.47Mg/hm²，淤地坝与坡面的比值分别为 1.78、1.62、2.68 和 3.65，说明这种差异在固原最大。在以往的研究中通常报道了沉积区土壤全氮储量大于侵蚀区。Weintraub 等（2015）发现，在热带森林生态系统，侵蚀坡面的土壤氮储量显著低于平坦地形或者是沉积区。Berhe

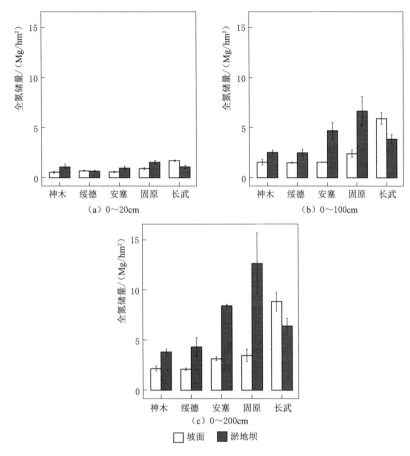

图4-2　淤地坝和坡面土壤全氮储量分布

等（2017）发现，在同一地形序列下，坡脚沉积区的土壤氮储量比侵蚀坡面多3倍。

## 4.3　淤地坝土壤全氮的空间异质性

在神木和安塞小流域各选取1个大淤地坝和1个小淤地坝（表4-1）。沿坝尾至坝前将大淤地坝均等分为9个样点，依次记为样点1到样点9，将小淤地坝等分为3个样点，依次记为样点1到样点3（图4-3），在每个样点的左、中、右三个位置采集0～500cm土层的土壤样品，若在取样过程中遇到岩石，则采集到相应深度。本节研究淤地坝土壤参数从坝尾到坝前的水平空间异质性，以及在坝尾、坝中和坝前不同淤地坝水平位置土壤参数的垂直空间异质性。

表4-1                          神木和安塞大淤地坝和小淤地坝信息

| 参数 | 神木（水力侵蚀＋风力侵蚀） | | 安塞（水力侵蚀） | |
|---|---|---|---|---|
| | 大淤地坝 | 小淤地坝 | 大淤地坝 | 小淤地坝 |
| 淤地坝长/m | 450 | 250 | 287 | 101 |
| 淤地坝宽/m | 86 | 74 | 65 | 21 |
| 淤地坝建造时间 | 1978 年 | 1980 年 | 1986 年 | 1987 年 |
| 土壤质地 | 壤土 | 壤土 | 粉壤土 | 粉壤土 |
| 主要植被 | 硬质早熟禾（*Poa sphondylodes* Trin.），铁杆蒿（*Tripolium vulgare* Nees），丛生隐子草（*Cleistogenes caespitosa* Keng），角蒿（*Incarvillea sinensis* Lam.） | | 葵蒿［*Artemisia leucophylla*（Turcz. ex Bess.）C. B. Clarke］，赖草［*Leymus secalinus*（Georgi）Tzvel.］，茵陈蒿（*Artemisia capillaris*），假苇拂子茅［*Calamagrostis pseudophragmites*（Hall. f.）Koel.］ | |

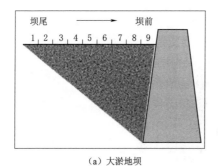

（a）大淤地坝　　　　　　　　　　　　（b）小淤地坝

图4-3　大淤地坝和小淤地坝样点示意图

## 4.3.1　水平空间异质性

图4-4为神木大淤地坝（坝长450m）和安塞大淤地坝（坝长287m）0～200cm深度土壤全氮含量从坝尾到坝前的空间分布特征。安塞和神木淤地坝土壤全氮含量分别为0.10～0.54g/kg和0.01～0.40g/kg。沿水平方向，两个样地不同土层深度土壤全氮含量总体上均表现从坝尾到坝前为波动上升变化趋势，即坝前位置土壤全氮含量大于坝尾。同时，可以看到，淤地坝表层土壤全氮水平变异性主要存在于0～10cm和10～20cm土层，在60～200cm土层变异性较弱。由于细颗粒通过水流输送所需的能量较少，细颗粒到达淤地坝的前部，而粗颗粒主要在淤地坝坝尾沉降，这相应地导致了单个淤地坝中土壤全氮含量的水平空间异质性。同时可以看到，在单个淤地坝尺度，土壤全氮含量的水平空间异质性在神木大于安塞。例如0～10cm土层，神木和安塞土壤全氮含量的变异系数分别为51%和16%。神木的极端降雨侵蚀力大于安塞，说明淤地坝土壤全氮的水平空间异质性与研究区的侵蚀特征有关。

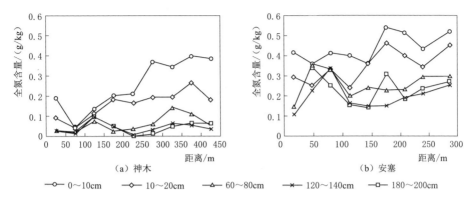

图 4-4　神木和安塞淤地坝土壤全氮含量水平分布

注　距离指从坝尾开始至采样点的长度。

## 4.3.2　垂直空间异质性

图 4-5 为神木和安塞大淤地坝坝尾、坝中和坝前位置土壤全氮含量垂直分布图。安塞和神木剖面土壤全氮含量变化范围分别是 0.10～0.49g/kg 和 0.00～0.38g/kg。土壤全氮含量随土层深度的增加而降低，在 0～80cm 土层全氮含量较高并且随土层深度增加显著降低，而在 80～500cm 土层土壤全氮含量较低并且随土层深度的增加呈波动变化。随着土层深度的加深，神木和安塞全氮含量整体上均呈降低趋势，植物凋落物和根系分泌物使表层土壤全氮含量较高，这与很多学者研究结果一致（Wang et al.，2020）。淤地坝沉积物质是历次侵蚀土壤的集合体，淤地坝土壤全氮含量呈波动式变化是因为不同侵蚀事件运移的土

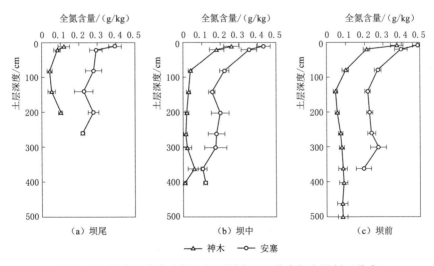

图 4-5　神木和安塞大淤地坝不同位置土壤全氮含量剖面分布

壤全氮含量不同。

土壤全氮含量在神木坝尾、坝中和坝前位置的变异系数分别为41％、126％和79％，在安塞坝尾、坝中和坝前位置的变异系数分别为22％、51％和35％。由此可以看出，虽然淤地坝土壤全氮的垂直分布在坝尾、坝中和坝前这三个位置都呈相似的变化规律，但是在坝中和坝前位置的垂直变异性大于坝尾位置，同时在神木的空间变异性大于安塞。说明淤地坝土壤全氮含量的垂直空间变异性与研究区地点和在淤地坝中的水平分布位置有关。

## 4.4　淤地坝土壤无机氮含量及其季节动态

### 4.4.1　淤地坝土壤无机氮含量

黄土高原由北至南，采集了神木、绥德、安塞、固原和长武淤地坝与坡面0～200cm 土层土壤样品，土壤铵态氮、硝态氮和无机氮含量均值分别为3.26mg/kg、0.67mg/kg 和3.93mg/kg，变异系数分别为33％、132％和37％，说明土壤无机氮主要由铵态氮组成，铵态氮为中等变异，硝态氮属于强变异。5个地点铵态氮含量表现为绥德最大（4.15mg/kg），神木、长武和固原居中（分别为3.28mg/kg、3.18mg/kg 和2.98mg/kg），安塞最小（2.70mg/kg）。硝态氮含量表现为安塞最大（1.15mg/kg），绥德和长武居中（0.89mg/kg 和0.52mg/kg），神木和固原较小（0.49mg/kg 和0.30mg/kg）。无机氮含量由大到小分别是绥德、安塞、神木、长武和固原（分别是5.04mg/kg、3.85mg/kg、3.77mg/kg、3.70mg/kg 和3.28mg/kg）。

土壤铵态氮含量表现为0～10cm（4.14mg/kg）土层显著大于10～200cm 土层（均值为3.17mg/kg），且在10～200cm 土层铵态氮无显著差异（$P >0.05$）（图4-6）。土壤硝态氮含量则受到土层深度的较大影响，总体来说，土壤硝态氮含量随土层深度的增加而降低，并且在60～200cm 差异不显著。

平均所有地点和土层深度，土壤铵态氮含量表现为坡面（3.31mg/kg）大于淤地坝（2.21mg/kg），土壤硝态氮和无机氮含量表现为淤地坝（0.94mg/kg 和4.16mg/kg）大于坡面（0.39mg/kg 和3.70mg/kg）（图4-6）。土壤铵态氮含量在不同地形的差异在安塞最大，表现为坡面（3.38mg/kg）大于淤地坝（2.02mg/kg），且在不同土层深度表现较均一。神木和绥德淤地坝土壤无机氮含量（4.43mg/kg 和5.54mg/kg）大于坡面（分别为3.10mg/kg 和4.53mg/kg），安塞、固原和长武不同地形土壤无机氮含量差异不显著（$P >0.05$）。地形对土壤硝态氮含量的影响与地点和土层深度有关。对于神木10～100cm 土层、绥德20～100cm 土层、安塞40～100cm 及140～200cm 土层还有长武0～10cm 和20～40cm 土层，淤地坝土壤硝态氮含量大于坡面。

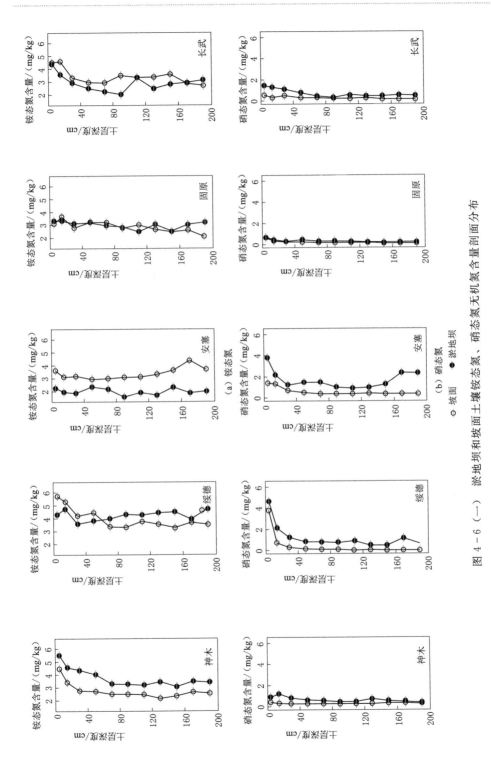

图 4-6 (一) 淤地坝和坡面土壤铵态氮、硝态氮无机氮含量剖面分布

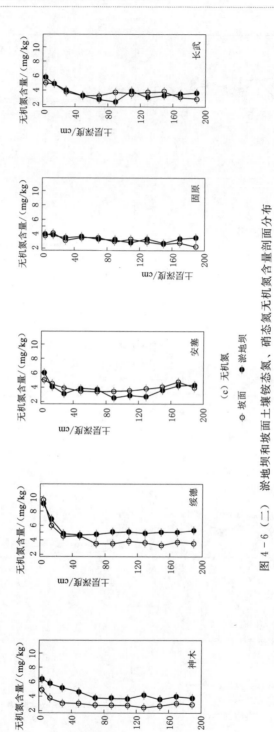

图 4-6（二） 淤地坝和坡面无机氮、硝态氮无机氮含量剖面分布

64

## 4.4.2　淤地坝表层土壤无机氮含量的季节动态

2017 年 5—10 月和 2018 年 4—10 月，在黄土高原神木、绥德、安塞、固原和长武逐月测定了淤地坝和坡面 0～10cm 和 10～20cm 土层土壤无机氮含量。各研究地点土壤无机氮随季节的变化规律相似。图 4-7 展示了这 5 个研究地点的土壤无机氮含量的均值。研究期内，淤地坝土壤铵态氮、硝态氮和无机氮的变异系数分别为 70%、144%、80%，坡面土壤铵态氮、硝态氮和无机氮的变异系数分别为 68%、125%、81%。可以看出，硝态氮随季节的变化程度大于铵态

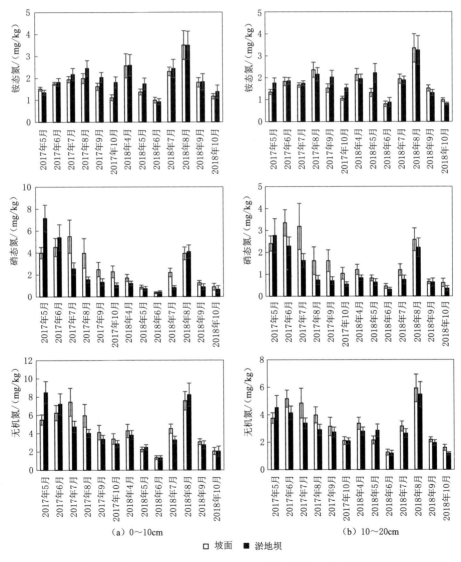

（a）0～10cm　　　　　　　　　（b）10～20cm

□ 坡面　■ 淤地坝

图 4-7　黄土高原淤地坝 0～10cm 和 10～20cm 土壤铵态氮、硝态氮和无机氮的季节动态

氮，硝态氮随季节的变化程度在淤地坝大于坡面。土壤铵态氮、硝态氮和无机氮含量均与有机碳和全氮含量显著正相关（$P<0.01$）。土壤铵态氮含量与碳氮比显著正相关，而硝态氮和无机氮含量与碳氮比显著负相关（$P<0.05$）。土壤铵态氮和无机氮与 pH 均显著负相关（$P<0.01$），而与土壤容重和黏粒含量无统计学相关性（$P>0.05$）。

土壤无机氮均呈现显著的年际与季节动态。研究结果表明，2017 年和 2018 年土壤无机氮含量分别在 7 月和 8 月最大。2017 年土壤无机氮含量在 10 月最小，可能是由于生长季后期植物氮吸收强烈，且较低的温度导致土壤氮矿化速率较低。2018 年土壤无机氮含量在 6 月最小，可能是由于较低的土壤水分不利于土壤氮矿化，且逐渐增强的植物氮吸收导致土壤无机氮含量较小。本章结果表明，土壤净氮矿化速率和无机氮含量在生长季开始时均较高，生长季与非生长季土壤无机氮含量无显著差异（$P>0.05$）。可能是由于间歇性的冻融循环增强土壤氮矿化，以及非生长季较低的植物氮吸收促进土壤无机氮的累积（Urakawa et al.，2014）。

## 4.5　淤地坝土壤无机氮的空间异质性

### 4.5.1　水平空间异质性

图 4-8 为神木大淤地坝（坝长 450m）和安塞大淤地坝（坝长 287m）不同土层深度土壤铵态氮和硝态氮含量水平空间分布特征。神木和安塞沿水平方向土壤硝态氮含量分别为 0.50～14.39mg/kg 和 0.12～1.88mg/kg，铵态氮含量分别为 1.49～4.30mg/kg 和 2.41～6.52mg/kg。神木和安塞淤地坝土壤铵态氮含量的水平分布总体表现为波动型变化趋势。土壤硝态氮的水平空间变异性大于铵态氮。从坝尾到坝中，安塞土壤硝态氮含量逐渐降低，并且随土层加深而显著降低；从坝中到坝前，土壤硝态氮含量逐渐增加，不同深度各土层土壤硝态氮含量差异不明显。神木淤地坝土壤硝态氮含量的水平分布在不同土层深度之间不存在显著差异。虽然神木土壤硝态氮含量显著低于安塞，但是表层土壤硝态氮含量的变异系数大于安塞。例如，0～10cm 土层土壤硝态氮含量的变异系数在神木（75%）大于安塞（41%）。

### 4.5.2　垂直空间异质性

图 4-9 为神木和安塞大淤地坝（坝长分布为 450m 和 287m）及小淤地坝（坝长分别为 250m 和 101m）土壤硝态氮和铵态氮含量的剖面分布。安塞大淤地坝和小淤地坝剖面土壤硝态氮含量在坝尾呈先减小后增加的趋势，其中以 0～10cm 土层到 10～20cm 土层降低最为明显，降幅分别为 50.1% 和 47.3%；在坝中位置，安塞大淤地坝土壤硝态氮表现为波动式变化趋势，小淤地坝呈先

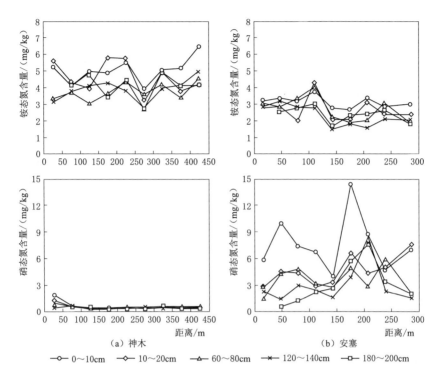

图 4-8　神木和安塞淤地坝土壤硝态氮和铵态氮含量水平分布
注　距离指从坝尾开始至采样点的长度。

减小后增加，然后减小的趋势；在坝前位置，安塞大淤地坝土壤硝态氮剖面分布波动变化；安塞小淤地坝在 0～100cm 深度波动变化，100～500cm 深度呈先减小后增加的趋势。而神木大淤地坝和小淤地坝 2 个剖面土壤硝态氮在不同位置均表现为微弱降低趋势，整体变化较为平稳。安塞淤地坝各土层硝态氮含量在坝尾、坝中和坝前位置均显著高于神木淤地坝。

对于土壤铵态氮含量，在坝尾位置，安塞大淤地坝和小淤地坝铵态氮含量剖面分布均表现为波动式变化趋势；神木大淤地坝土壤铵态氮含量随土层深度的增加呈先减小后增加的趋势，神木小淤地坝在 0～160cm 深度呈缓慢减小趋势，160cm 以下呈微弱波动变化趋势。在坝中位置，安塞大淤地坝和神木大淤地坝剖面土壤铵态氮含量整体上呈波动式减小趋势；安塞小淤地坝也呈波动式变化，神木小淤地坝在 0～80cm 深度表现为降低趋势，80cm 以下呈波动式变化趋势。在坝前位置，安塞大淤地坝铵态氮含量随着土层深度的增加在 0～140cm 呈减小趋势，120cm 以下呈波动式变化，安塞小淤地坝在 0～260cm 深度内呈先减小后增加的趋势，260cm 以下为锯齿形变化；神木大淤地坝在 0～40cm 呈降低趋势，40～400cm 呈波动式变化，神木小淤地坝各土层铵态氮的变化规律与

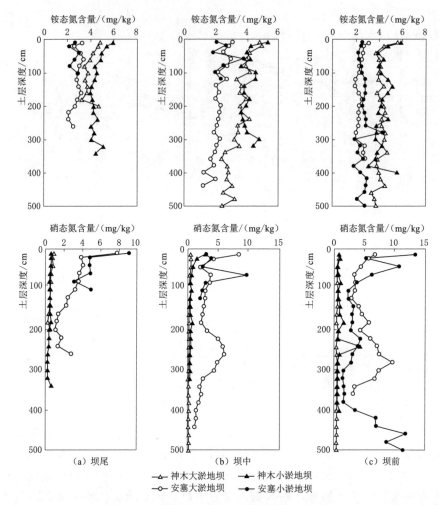

图 4-9　神木和安塞大淤地坝和小淤地坝土壤硝态氮和铵态氮含量剖面分布

大淤地坝基本相同。

　　土壤硝态氮的变异性显著高于铵态氮，主要是因为土壤对带正电荷的铵态氮有吸附和固定作用，而对带负电荷的硝态氮吸附能力差，增加了硝态氮的变异性。王云强等（2007）在神木六道沟小流域发现土壤硝态氮的变异性为强变异性，铵态氮为中等变异性，与本章结果一致。

　　由表 4-2 可以看出，淤地坝土壤硝态氮的垂直异质性淤地坝大小和淤地坝的水平位置有关。神木和安塞小淤地坝土壤硝态氮含量变异系数大于大淤地坝，并且这一现象在坝前位置更明显。随水流方向，淤地坝土壤硝态氮含量的空间变异性在坝前位置剖面变化趋势比坝尾更为剧烈。淤地坝土壤铵态氮含量垂直异质性较小，且不受地点、淤地坝大小和水平位置影响，这主要是因为土壤硝态氮的移动以水为载体，垂直变异性较大，土壤黏粒对铵根离子的吸附，所以土壤铵态氮的垂直变异性较小。

**表4-2　神木和安塞大淤地坝和小淤地坝土壤铵态氮和硝态氮含量的变异系数**　　　%

| 地点 | 淤地坝类型 | 坝尾 | | 坝中 | | 坝前 | |
|------|-----------|------|------|------|------|------|------|
| | | 铵态氮 | 硝态氮 | 铵态氮 | 硝态氮 | 铵态氮 | 硝态氮 |
| 神木 | 大淤地坝 | 14 | 38 | 21 | 41 | 11 | 21 |
| | 小淤地坝 | 12 | 32 | 11 | 84 | 16 | 102 |
| 安塞 | 大淤地坝 | 14 | 61 | 21 | 52 | 14 | 37 |
| | 小淤地坝 | 14 | 39 | 26 | 70 | 18 | 75 |

# 4.6　小结

　　本章研究了黄土高原由北至南神木、绥德、安塞、固原和长武5个小流域淤地坝和坡面土壤全氮含量与储量及无机氮含量的分布特征及空间异质性。

　　神木、安塞和固原小流域淤地坝土壤全氮含量大于坡面，地形间全氮含量的差异在固原特别是深层土壤较大。淤地坝土壤全氮储量表现为固原最大，安塞和长武居中，神木和绥德较小，坡面0～200cm土层土壤全氮储量呈现南高北低的趋势，与黏粒含量分布一致。研究区域尺度土壤全氮储量时需要考虑土壤侵蚀沉积因素。平均所有地点和土层深度土壤铵态氮含量表现为坡面大于淤地坝，土壤硝态氮和无机氮含量表现为淤地坝大于坡面。土壤无机氮含量均呈现显著的年际与季节动态。土壤硝态氮含量随季节的变化程度大于铵态氮，淤地坝土壤硝态氮随季节的变化程度大于坡面。

　　在单个淤地坝尺度，土壤全氮和硝态氮含量均呈现出较大的水平和垂直空间异质性，土壤铵态氮含量的空间异质性较小。水平方向，土壤全氮含量表现从坝尾到坝前波动上升的变化趋势，土壤硝态氮含量呈波动变化，先降低后升高。在垂直方向，土壤全氮和硝态氮表现为表层土壤含量较高，而后随土层深度的增加呈波动式变化，这与历次侵蚀事件侵蚀土壤中全氮和硝态氮的含量有关。在坝中和坝前位置的空间异质性大于坝尾位置。

# 第 5 章

# 黄土高原淤地坝土壤可溶性有机质及其光谱特征

    土壤侵蚀在决定土壤可溶性有机质（DOM）分布和组成方面起着关键作用。土壤 DOM 可以很容易地溶解在水中，并从陆地系统运输到水生环境，并且可以吸附到矿物表面，并与土壤颗粒一起向下移动。随着紫外可见光谱和激发发射矩阵光谱与平行因子分析（EEM–PARAFAC）模型的发展，可以确定土壤 DOM 的组成和来源（Sharma et al.，2017）。

    研究表明土壤 DOM 是一种脂肪族和芳香族聚合物的非均匀混合物，其组成取决于来源物质和降解过程，在时间和空间上存在异质性（Zsolnay，2003）。内陆流域的土壤 DOM 主要有三种来源，包括外来来源（如植物凋落物、土壤有机质）、自生来源（如死亡细菌、浮游生物）和人为来源（如废水和有机肥料）（Zsolnay，2003；Derrien et al.，2017）。土壤 DOM 的来源决定其化学性质和稳定性。利用紫外可见光谱和荧光光谱获得土壤或水体土壤 DOM 来源、组成及反应活性是一种普遍应用的技术（刘笑菡等，2012；Derrien et al.，2017）。例如，Weishaar 等（2003）利用特定紫外吸收度（SUVA）来检测土壤 DOM 的组成和反应活性，认为 SUVA 是量化可溶性芳香碳物质的有力工具。利用荧光光度计可以获得特定的光谱指标，例如荧光指数、腐殖化指数、自生源指数，并且得到土壤 DOM 中各组分的荧光强度，这些指数可以定量研究 DOM 的来源（Derrien et al.，2017）。

    在侵蚀-搬运-沉积过程中，土壤 DOM 的数量、组分和生物化学性质发生改变（Jiang et al.，2017），在空间上存在异质性。先前关于侵蚀和沉积系统中土壤 DOM 的研究持有相反的观点。一些研究人员发现，与沉积区相比，侵蚀区的土壤 DOM 芳香性和疏水性更高（Fissor et al.，2017；Liu et al.，2019），因为土壤 DOM 亲水性组分会优先被地表径流移动，而疏水性组分则滞后（Kaiser et al.，2004）。然而，其他研究发现，土壤 DOM 的芳香成分更有可能与矿物表面结合，从而在沉积区积累（Park et al.，2014；Shang et al.，2018）。这种差异可能是由土壤 DOM 性质的差异及不同气候和土壤条件的研究地点的侵蚀强度不同造成的。

　　本章选取了黄土高原由北至南神木、绥德、安塞、固原和长武 5 个地点，典型小流域，研究了典型的沉积区淤地坝和侵蚀区坡面 0～200cm 剖面土壤可溶性有机碳含量，并且定量分析了土壤 DOM 的紫外可见光谱特征、荧光光谱特征和荧光组分，该章研究结果有助于明确淤地坝土壤 DOM 的含量、组成和来源。

## 5.1　淤地坝土壤可溶性有机碳含量

　　土壤可溶性有机碳（DOC）含量的平均值为 87.62mg/kg，占土壤有机碳含量的 5.23%。土壤 DOC 含量在淤地坝和坡面之间存在显著差异，这种差异取决于研究地点和深度（$P<0.05$；图 5-1）。对于 20cm 以下的深层土壤，淤地坝

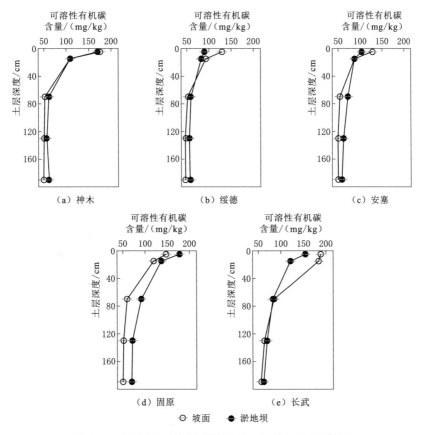

图 5-1　淤地坝和坡面土壤可溶性有机碳含量剖面分布

土壤 DOC 含量显著高于坡面（$P<0.05$），并且这种差异在固原和安塞高于神木、绥德和长武。对于表层 0～20cm 土壤，土壤 DOC 含量在绥德和长武的坡面显著高于淤地坝（$P<0.05$），但在其他 3 个地点没有显著差异（$P>0.05$）。

土壤 DOC 含量随土层深度的增大而逐渐降低，0～10cm、10～20cm、60～80cm、120～140cm 和 180～200cm 土层土壤 DOC 含量分别为 146.43mg/kg、112.62mg/kg、66.31mg/kg、57.12mg/kg 和 55.61mg/kg。这可能是因为在深层土壤容重较大、饱和导水率较低（图 2-4），压实的土层限制了 DOM 从表层向深层移动。土壤 DOC 含量与土壤容重负相关（$r=-0.36$，$P<0.05$），与饱和导水率正相关（$r=-0.28$，$P<0.05$）也说明了这一点。Zhang 等（2019）在湖南邵阳也报道了 DOC 含量随土层深度的增大而降低。

土壤 DOC 占土壤有机碳（SOC）的一小部分，但是它却是移动性最强的碳源，也是微生物的直接碳源，也被认为是代表土壤有机碳可分解性的指标。土壤侵蚀和沉积作用影响了 DOC 的空间分布，DOC 与 SOC 显著正相关，说明 DOC 和 SOC 的再分布路径相似。在坡面系统，坡度小凹地形坡面的土壤 DOC 含量高于坡度大凸地形坡面的土壤 DOC 含量（Hishi et al.，2004；Fissore et al.，2017）。地形不仅影响了 SOC 的空间分布，同时影响了 SOC 中不稳定组分的空间分布。地形通过影响环境因素而间接影响可溶性有机碳，例如植被、pH 和碳氮比等（Hishi et al.，2004）。本章中，DOC 含量与 pH 呈显著负相关（$r=-0.44$），这可能是因为黄土高原土壤偏碱性，pH 降低，而增大了土壤有机质的溶解性，从而增大了 DOC 的含量。

对于神木、安塞和固原，土壤 DOC 含量表现为淤地坝大于坡面，并且这种差异主要集中于深层土壤，在表层土壤不显著（图 5-1）。与本章研究结果不同，Zhang 等（2019）在湖南邵阳的研究发现，淤地坝土壤 DOC 含量显著大于坡面，但是这种差异仅存在于 0～5cm 及 5～10cm 土层，在 20～30cm 及 120～150cm 土层差异均不显著。土壤 DOC 的差异主要集中于深层土壤，这可能与 DOM 的来源与组成有关，在 DOM 的光谱特性中进一步讨论。

在绥德和长武，DOC 含量的差异主要集中于表层土壤，并且表现为坡面大于淤地坝。同样是在长武开展实验，Du 等（2020）的研究表明，10°和 20°裸露小区 0～10cm 土壤 DOC 含量（48.57mg/kg 和 39.33mg/kg）均小于集水槽中泥沙 DOC 含量（分别为 73.92mg/kg 和 91.38mg/kg）。与 Du 等（2020）研究中的裸露小区不同，本章中侵蚀坡面和淤地坝的土地利用均为草地，研究结果的差异可能来自植被。与本章结果相似，Liu 等（2019）在甘肃（比长武位置偏南）的研究表明，淤地坝 0～10cm 土层土壤 DOC 含量（约 7mg/L）小于坡面草地（12mg/L）。在本章中，绥德和长武表层土壤 SOC 含量同样表现为坡面大于淤地坝（图 3-1）。植被对土壤 SOC 和 DOC 的重要影响也被 Chaplot

等（2015）在北非 Kwazulu-Natal 省报道，在该研究中坡顶植被覆盖度超过 80％，而坡底植被覆盖度仅有 5％，土壤 SOC 含量坡顶（28.4g/kg）约是坡底（8.4g/kg）的 3 倍，坡顶（90mg/L）DOC 含量约是坡底（3.7mg/L）的 24 倍。绥德和长武两地的年均温较高，相对较好的气候条件有利于植被生长和有机碳积累，进而导致土壤 DOC 含量较高。尽管土壤侵蚀导致肥沃表层土流失、土壤质量下降和植物生产力下降，但侵蚀坡面上的一部分土壤有机质的损失可以通过植物新输入的有机质部分补偿（Berhe et al.，2007；Harden et al.，1999）。对于气候条件适宜且侵蚀较弱的地点，植物有机物的输入可能超过侵蚀引起的土壤有机质的损失（Doetterl et al.，2016），这导致坡面的有机碳含量较高，因此坡面土壤 DOC 含量高于淤地坝。

## 5. 2  淤地坝土壤可溶性有机质紫外-可见吸收光谱参数

土壤 DOM 组分的芳香性、疏水性及分子量可以进一步定量研究 DOM 这一含量虽小却是至关重要的不稳定碳组分。用紫外—可见吸收光谱数据计算 $SUVA_{254}$、$SUVA_{260}$ 和 $S_R$（Helms et al.，2008），含义见表 5-1。计算公式如下：

$$\alpha(\lambda) = \frac{2.303D(\lambda)}{r} \tag{5-1}$$

$$SUVA_{254} = \frac{\alpha(254)}{c(DOC)} \tag{5-2}$$

$$SUVA_{260} = \frac{\alpha(260)}{c(DOC)} \tag{5-3}$$

$$\alpha(\lambda) = \alpha(\lambda_0)\exp[S(\lambda_0 - \lambda)] \tag{5-4}$$

$$S_R = \frac{S_{(275-295)}}{S_{(350-400)}} \tag{5-5}$$

式中：$\alpha(\lambda)$ 为波长 $\lambda$ 时的吸收系数，$m^{-1}$；$D(\lambda)$ 为吸光度；$r$ 为光程路径，m；$c(DOC)$ 为可溶性有机碳含量，mg/L。

表 5-1                    **土壤 DOM 紫外可见光谱参数含义**

| 指标 | 定　义 | 意　义 |
|---|---|---|
| $SUVA_{254}$ | 254nm 波长下的特定紫外吸光度 | 表征 DOM 芳香性的强弱，$SUVA_{254}$ 越大 DOM 的芳香性越强（Weishaar et al.，2003） |

| 指标 | 定　义 | 意　义 |
|---|---|---|
| $SUVA_{260}$ | 260nm 波长下的特定紫外吸光度 | 表征 DOM 疏水性的强弱，$SUVA_{260}$ 越大 DOM 的疏水性越强（Jaffrain et al.，2007） |
| $S_R$ | 光谱斜率比值 | 反映 DOM 的来源与类型，包括富里酸与胡敏酸的比例、分子量大小、自生源与陆源特征、光漂白活性等；$S_R$ 越大，DOM 的分子量越小（Helms et al.，2008） |

土壤 DOM 的 $SUVA_{254}$、$SUVA_{260}$ 和 $S_R$ 分别表征其芳香性、疏水性和分子量的大小。淤地坝土壤比侵蚀坡面土壤 DOM 的 $SUVA_{254}$ 和 $SUVA_{260}$ 更高而 $S_R$ 更低（$P<0.05$；图 5-2），这意味着淤地坝土壤 DOM 具有更高的芳香性、疏水性和更大的分子量（表 5-1）。淤地坝和坡面土壤 DOM 紫外－可见光谱参数的差异在 20cm 以下的深层土壤比表层 0～20cm 更大。淤地坝和坡面土壤 DOM 的 $SUVA_{254}$ 和 $SUVA_{260}$ 值的差异在固原和安塞更大，$S_R$ 值的差异在神木和安塞更大（图 5-2）。

土壤 $SUVA_{254}$ 和 $SUVA_{260}$ 均表现为随土层深度的增大而显著降低，$S_R$ 在 0～10cm 土层最低。随土层深度的增大，土壤 DOM 芳香性和疏水性减弱，分子量减小。这可能是生物降解性和吸附作用的增强导致土壤 DOM 的芳香性减弱（Jaffrain et al.，2007），更亲水的小分子土壤 DOM 易于迁移到深层土壤。$SUVA_{254}$ 和黏粒含量没有显著的相关性，这与预期相反，因为黏粒能选择性吸附芳香性物质。

深层土壤淤地坝 $SUVA_{254}$ 和 $SUVA_{260}$ 大于坡面，$S_R$ 小于坡面，表明淤地坝土壤 DOM 分子量较大，含芳香性、疏水性物质较多。以往研究表明坡面土壤 DOM 的芳香性大于淤地坝（Fissore et al.，2017；Zhang et al.，2019）。富含芳香性、疏水性和高分子量的 DOM 优先吸附在土壤矿物表面，而富含亲水性组分的土壤 DOM 更容易移动（Kaiser et al.，2004）。在侵蚀过程中，亲水性 DOM 组分（芳香性低、分子量小）更容易被地表径流移动并且在淤地坝富集，而疏水性 DOM 组分则在坡面滞留，因而坡面土壤 DOM 的芳香性疏水性较高。此外，Zhang 等（2019）报道在土层深度大于 20cm 时，淤地坝和坡面土壤 DOM 芳香性、疏水性及分子量差异不显著，土壤侵蚀强烈影响表层土壤而不是深层土壤。而在本章中恰恰相反，土壤 DOM 紫外-可见吸收光谱参数差异主要集中于深层土壤（图 5-2）。说明土壤 DOM 芳香性、疏水性及分子量的差异可能不是因为侵蚀外源物质的输入而导致的。与本章研究相似，Wang 等（2013）在比利时黄土区的研究表明，坡面土壤 DOM 的 $SUVA_{260}$ 大于淤地坝，表明坡面土壤的 DOM 芳香性更大。

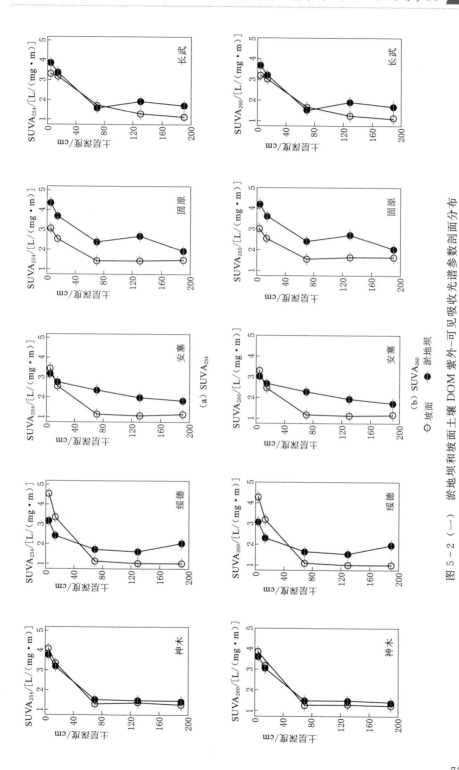

图 5-2 （一）　淤地坝和坡面土壤 DOM 紫外-可见吸收光谱参数剖面分布

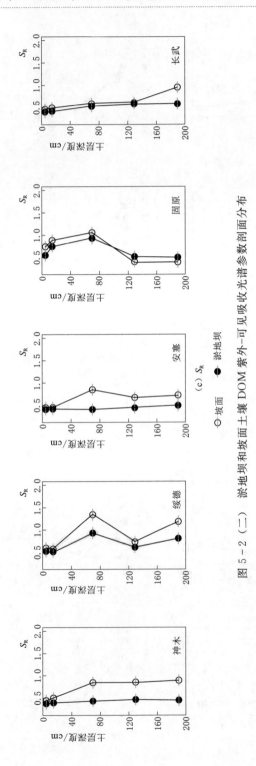

图 5 - 2 (二)　淤地坝和坡面土壤 DOM 紫外-可见吸收光谱参数剖面分布

(c) $S_R$

⊖ 坡面　⬤ 淤地坝

## 5.3　淤地坝土壤可溶性有机质荧光光谱参数

土壤 DOM 的荧光指数（FI）、腐殖化指数（HIX）和自生源指数（BIX）分别表示了 DOM 的来源和腐殖化程度（表 5-2）。黄土高原土壤 DOM 的 FI、HIX 和 BIX 的平均值分别为 1.91（1.59～2.43）、4.68（1.79～8.50）和0.73（0.55～1.21），变异系数分别为 10%、31% 和 18%，FI 属于弱变异，HIX 和 BIX 属于中等变异。FI 和 BIX 呈显著正相关，FI、BIX 和 HIX 呈显著负相关（$P < 0.05$）。荧光指数 FI 在 1.9 附近时表明 DOM 主要源于微生物活动，FI 在 1.4 附近时表明 DOM 主要源于陆生植物和土壤有机质（McKnight et al.，2001），说明黄土高原 5 个样点的土壤 DOM 主要源于微生物活动，内源特征比较明显。

**表 5-2　　　　　　　　　　土壤 DOM 荧光光谱参数描述**

| 指标 | 定　　义 | 意　　义 |
| --- | --- | --- |
| FI | 荧光指数，激发波长为 370nm 时，发射波长在 470nm 与 520nm 处荧光强度的比值（Cory et al.，2005） | FI 在 1.9 附近时，表明 DOM 主要源于微生物活动，属于内源产生，即内源特征较为明显；FI 在 1.4 附近时，表明 DOM 主要源于陆生植物和土壤有机质，属于外源（陆源）输入，即异生源特征较明显（McKnight et al.，2001） |
| HIX | 腐殖化指数，在 254nm 波长激发光下，发射波长 435～480nm 间区域积分值除以 300～345nm 间区域积分值（Zsolnay et al.，1999） | 表征 DOM 的腐殖化程度，HIX 越高，则 DOM 腐殖化程度越高，DOM 越稳定（Ohno，2002） |
| BIX | 自生源指标，在 310nm 波长激发光下，发射波长 380nm 与 430nm 处荧光强度比值（Huguet et al.，2009） | BIX>1，表明 DOM 主要为自生来源且新近产生；BIX 在 0.6～0.7 之间表明自然水体 DOM 生产力较低（Huguet et al.，2009） |

土壤 DOM 的 FI 和 BIX 随土层深度的增大而增大，HIX 随土层深度的增大而减小（图 5-3）。例如，0～10cm、10～20cm、60～80cm、120～140cm 和180～200cm 土层 FI 平均值分别为 1.71、1.79、1.99、2.02 和 2.04。以上结果说明表层土壤 DOM 的异生源特征较明显，源于陆生植物和土壤有机质较多，且腐殖化程度较高，而深层土壤的自生源特征较明显，源于微生物活动，较为新近产生且腐殖化程度较低。淤地坝土壤 DOM 的 FI 和 BIX 小于坡面土壤，HIX 大于坡面土壤。说明淤地坝土壤 DOM 腐殖化程度较高，土壤含有更多的缩合芳烃结构，较少的含氧官能团；而坡面土壤 DOM 主要为自生来源且较为新鲜，DOM 腐殖化程度较低（Yao et al.，2023b）。与紫外可见光谱参数类似，淤地坝和坡面土壤 DOM 荧光光谱参数的差异在 20cm 以下的深层土壤中更大，这可能是因为 DOM 的内源特征在深层土壤更明显。淤地坝和坡面土壤 DOM 荧光光

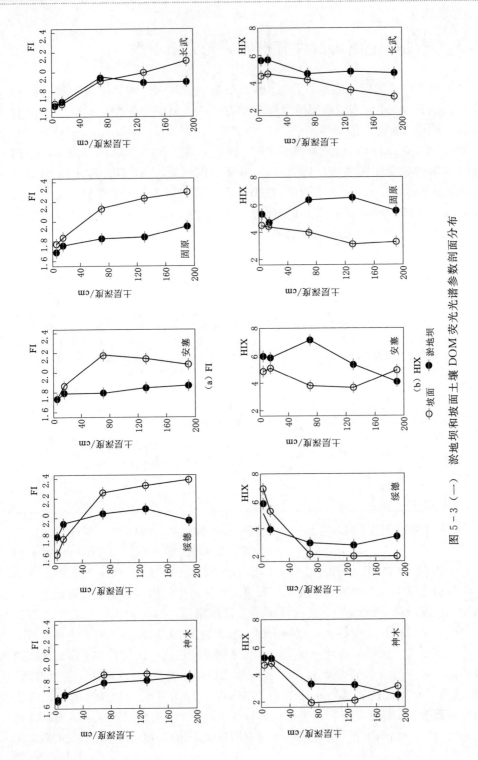

图 5 - 3 (一) 淤地坝和坡面土壤 DOM 荧光光谱参数剖面分布

(a) FI

(b) HIX

○ 坡面 ● 淤地坝

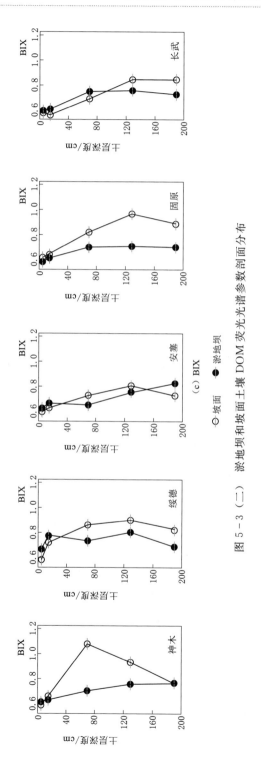

（c）BIX

－○－坡面　－●－淤地坝

图 5 - 3 （二）　淤地坝和坡面土壤 DOM 荧光光谱参数剖面分布

谱参数的差异在安塞和固原更大。与本章结果相反，Liu 等（2019）在甘肃天水淤地坝和坡面的研究发现，淤地坝表层 10cm 土壤 DOM 的 FI 大于坡面，HIX 小于坡面，说明淤地坝表层土壤 DOM 更多的来自微生物活动，含有较少的缩合多环芳烃结构物质，含有较多的含氧官能团（Fuentes et al.，2006）。

## 5.4　淤地坝土壤可溶性有机质荧光组分

利用平行因子分析法计算有色可溶性有机物（CDOM）的三维荧光光谱数据（刘笑菡等，2012），数据的计算在 MATLAB 7.0 中进行。平行因子分析法可以区分重叠的荧光光谱，将数据分解为得分，确定荧光组分的相对含量。根据激发-发射光谱图，通过平行性因子分析的方法，将 CDOM 的荧光组分分为 6 组，每个组分的特性描述见表 5-3。组分 C1～C6 分别代表紫外线 A 波段（UVA）类腐殖质、紫外线 C 波段（UVC）类腐殖质、类蛋白质、类色氨酸、类腐殖质和类络氨酸。组分 C1～C6 平均分别占比 44%、23%、16%、7%、5% 和 5%。组分 C1 和 C2 主要来自陆生植物和土壤有机质，组分 C3、C4 和 C6 来源于陆生植物、土壤有机质、内源产生和微生物产生。组分 C1、C2、C4 和 C5 呈显著的正相关关系，并均与 $SUVA_{254}$、$SUVA_{260}$ 和 HIX 正相关，说明这四个组分是含有较多的芳香性成分，腐殖化程度较高，较难分解；C6 与 HIX 呈显著负相关，说明这个组分腐殖化程度较低，较容易分解（表 5-4）。

表 5-3　　　　　　　　　　　土壤 DOM 荧光组分及特性描述

| 组分代码 | 组分 | Ex/nm | Em/nm | 可能来源 | 特 性 描 述 |
|---|---|---|---|---|---|
| C1 | UVA 类腐殖质 | <260 | 440 | T | 荧光特征类似于富里酸，较普遍 |
| C2 | UVC 类腐殖质 | 320～360 | 420～460 | T | 高分子腐殖质，较常见，但在湿地和森林环境中含量最高 |
| C3 | 类蛋白质 | 240（300） | 338 | T、A、M | 氨基酸，游离或结合在蛋白质中，荧光特征类似于色氨酸 |
| C4 | 类色氨酸 | 270～280（<240） | 330～370 | T、A、M | 氨基酸，游离或结合在蛋白质中，荧光特性类似于游离的色氨酸，指示了完整的蛋白质或者较少降解的缩氨酸 |
| C5 | 类腐殖质 | <250 | 388～425 | A、M | 氧化的腐殖质类物质，与脂肪族化合物有关，与内源产生有关，潜在的陆源 DOM 光化学产物 |
| C6 | 类络氨酸 | 270～275 | 304～312 | T、A、M | 氨基酸，游离或结合在蛋白质中，荧光特征类似于络氨酸，可能指示更多降解的缩氨酸 |

注　Ex 为最大激发波长；Em 为最大发射波长；T 为陆生植物或土壤有机质；A 为内源产生；M 为微生物产生。

从图 5-4 可以看出，对于绥德、安塞、固原和长武，UVA 类腐殖质占比最大，其次是 UVC 类腐殖质，两者贡献超过 70%，几乎不含类腐殖质和类络氨酸。对于固原和长武表层 0～20cm 土壤，C4 类色氨酸占比约 15%，仅次于 UVA 类及 UVC 类腐殖质。在神木 UVA 类腐殖质和类络氨酸占主要部分，在坡面 60～200cm 土层类络氨酸占比最高，超过 1/3，而表层 0～20cm 土壤 UVA 类腐殖质占比最高；在淤地坝 UVA 类腐殖质在 0～200cm 土层占比均最高。说明绥德、安塞、固原和长武腐殖质类物质占 DOM 的主要组成部分，表明淤地坝土壤 DOM 陆生来源占主要部分，在神木特别是坡面深层土壤 DOM 的类络氨酸占比较高（Yao et al.，2023b）。

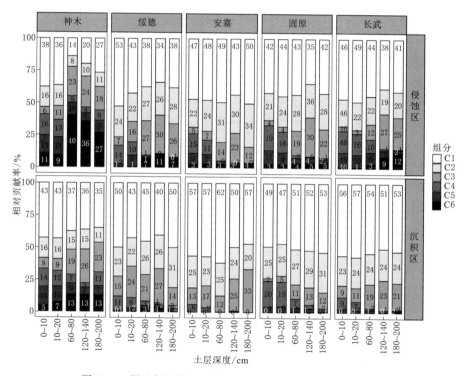

图 5-4　淤地坝和坡面土壤 DOM 组分荧光强度相对贡献率

## 5.5　淤地坝土壤可溶性有机质光谱参数主成分分析

通过计算不同指标数据的 Pearson 相关系数，判断指标间的相关关系（表 5-4）。由于土壤 DOM 的紫外-可见吸收光谱参数、荧光光谱参数及荧光组分均代表了 DOM 的来源和特性，将这些指标放在一起做主成分分析，建立能解释大部分变异的主成分，以达到简化因子的目的。

**表 5-4　土壤可溶性有机质参数的 Pearson 相关关系**

| 参数 | DOC | SUVA$_{254}$ | SUVA$_{260}$ | $S_R$ | FI | HIX | BIX | C1 | C2 | C3 | C4 | C5 | C6 |
|---|---|---|---|---|---|---|---|---|---|---|---|---|---|
| DOC | 1 | | | | | | | | | | | | |
| SUVA$_{254}$ | 0.892** | 1 | | | | | | | | | | | |
| SUVA$_{260}$ | 0.890** | 0.996** | 1 | | | | | | | | | | |
| $S_R$ | -0.214* | -0.299** | -0.321** | 1 | | | | | | | | | |
| FI | -0.823** | -0.861** | -0.843** | 0.234* | 1 | | | | | | | | |
| HIX | 0.494** | 0.618** | 0.611** | -0.148 | -0.463** | 1 | | | | | | | |
| BIX | -0.805** | -0.771** | -0.761** | 0.159 | 0.751** | -0.661** | 1 | | | | | | |
| C1 | 0.937** | 0.939** | 0.934** | -0.243** | -0.823** | 0.674** | -0.850** | 1 | | | | | |
| C2 | 0.864** | 0.876** | 0.877** | -0.165 | -0.680** | 0.695** | -0.778** | 0.955** | 1 | | | | |
| C3 | -0.025 | 0.113 | 0.099 | -0.159 | -0.11 | -0.123 | 0.374** | 0.007 | -0.036 | 1 | | | |
| C4 | 0.850** | 0.803** | 0.796** | -0.111 | -0.756** | 0.248** | -0.709** | 0.828** | 0.783** | -0.042 | 1 | | |
| C5 | 0.606** | 0.542** | 0.537** | -0.071 | -0.575** | 0.019 | -0.424** | 0.557** | 0.517** | 0.093 | 0.762** | 1 | |
| C6 | -0.114 | -0.139 | -0.152 | 0.139 | -0.031 | -0.467** | 0.190* | -0.193* | -0.237** | 0.123 | 0.118 | 0.528** | 1 |

注　用于 Pearson 相关分析的参数经过变换使其更符合正态分布，各指标变化方式分别为 log（SUVA$_{254}$）、log（SUVA$_{260}$）、$-1/$sqrt（$S_R$）、$-1/$FI、sqrt（HIX）、$-1/$BIX、lg（C1）、lg（C2）、sqrt（C3）、sqrt（C4）、sqrt（C5）和 sqrt（C6）；SUVA$_{254}$ 为 254nm 紫外吸光度；SUVA$_{260}$ 为 260nm 紫外吸光度；$S_R$ 为光谱斜率率比值；FI 为荧光指数；HIX 为腐殖化指数；BIX 为自生源指数；C1 为 UVC 类腐殖质；C2 为 UVA 类腐殖质；C3 为类蛋白质；C4 为类色氨酸；C5 为类腐殖质；C6 为类络氨酸。* 表示 $P<0.05$，** 表示 $P<0.01$。

DOM 的 13 个指标可以简化为三个主成分，累积解释总变异的 80.39%，前两个主成分累积解释总变异的 71.04%（表 5-5）。第一主成分（PC1）主要与 DOC、$SUVA_{254}$、$SUVA_{260}$、HIX、C1、C2 和 C4 正相关，与 FI 和 BIX 负相关，能解释总变异的 54.32%。说明 PC1 表示 DOM 芳香性、疏水性及腐殖化程度较高，主要包含 UVA 和 UVC 类腐殖质和类色氨酸，主要来源于陆生植物和土壤有机质，属于外源输入，即异生源特征较明显。同时可以看到 C1、C2、$SUVA_{254}$ 和 $SUVA_{260}$ 正相关，说明 UVA 及 UVC 类腐殖质主导了 DOM 的芳香性和疏水性。第二主成分（PC2）能解释总变异的 15.89%，主要与 C5 和 C6 正相关，与 HIX 负相关，并且 C6 的载荷更大，说明 PC2 主要与类络氨酸类物质有关，游离或结合在蛋白质中，较容易分解。

表 5-5　　土壤 DOM 光谱参数主成分的载荷、特征值和解释率

| 项目 | PC1 | PC2 | PC3 |
|---|---|---|---|
| DOC | 0.908 | 0.102 | −0.162 |
| $SUVA_{254}$ | 0.949 | −0.041 | 0.184 |
| $SUVA_{260}$ | 0.947 | −0.050 | 0.176 |
| $S_R$ | −0.305 | 0.069 | −0.431 |
| FI | −0.838 | −0.092 | −0.167 |
| HIX | 0.564 | −0.611 | 0.112 |
| BIX | −0.798 | 0.330 | 0.268 |
| C1 | 0.978 | −0.020 | 0.001 |
| C2 | 0.945 | −0.068 | −0.044 |
| C3 | 0.014 | 0.360 | 0.854 |
| C4 | 0.872 | 0.249 | −0.228 |
| C5 | 0.582 | 0.680 | −0.148 |
| C6 | 0.012 | 0.865 | −0.146 |
| 特征值 | 7.32 | 1.92 | 1.21 |
| 解释率 | 56.30 | 14.75 | 9.34 |
| 累积解释率 | 56.30 | 71.04 | 80.39 |

固原和长武 PC1 得分较高，说明 DOM 的腐殖质碳含量较高；神木 PC2 大于其他地点，说明神木土壤 DOM 类络氨酸含量比其他地点高。表层（0～10cm 和 10～20cm）土壤 DOM 的 PC1 值基本上大于 0，而深层（60～80cm、120～140cm 和 180～200cm）土壤 DOM 的 PC1 值基本上小于 0，说明表层土壤 DOM 主要来源于植物和土壤有机质，含较多芳香性腐殖质，较难分解；深层土壤 DOM 主要来源于微生物活动，芳香性、疏水性弱，较容易分解。也就是说不同

地点、土层深度土壤 DOM 的来源及分解性不同。对于 0~10cm 和 10~20cm 土层，淤地坝和坡面土壤 DOM 主成分得分相差不大，但是对于 60~80cm、120~140cm 及 180~200cm 土层，可以看出坡面土壤 DOM 的 PC1 值小于淤地坝。这些研究结果表明，对于表层土壤，淤地坝和坡面 DOM 的来源及分解性相似；对于深层土壤，淤地坝土壤 DOM 比坡面芳香性、疏水性和分子量大，内源特征较弱，UVA 和 UVC 类腐殖质含量高，更难分解。

由于 DOM 是不稳定的土壤有机质组分，侵蚀导致的土壤分散、搬运和沉积过程使 DOM 矿化分解（Lal，2003），表层土壤坡面与淤地坝 DOM 相似的来源和分解程度可能是因为植被类型相似。在第三章研究发现，绥德和长武坡面表层土壤植物补偿的碳超过了损失的碳（图 3-1），在本章研究中进一步发现绥德和长武坡面表层土壤 DOM 主要来自陆生植物和土壤有机质，腐殖化程度较高，较难分解。研究结果表明，淤地坝和坡面土壤 DOM 光谱参数的差异主要集中于深层土壤，而深层土壤有机碳和全氮中可溶性碳氮比例较高，DOM 的芳香性疏水性较低，分子量较小，自生源特征较明显，源于微生物活动，较为新近产生且腐殖化程度较低。说明淤地坝和坡面深层土壤 DOM 光谱参数的差异主要是源自微生物活动，是由内源导致的差异，而不是来自植物或者土壤有机质的差异。

## 5.6 淤地坝和坡面土壤可溶性有机质差异性的影响因素

将淤地坝和坡面土壤可溶性有机质含量和光谱参数主成分的差值记做 PC1 值得绝对变化（ΔPC1），以表征两个地形之间 DOM 含量和光谱参数的变化。ΔPC1 和土层深度（$P=0.029$）以及土壤侵蚀模数正相关（$P<0.001$），表明淤地坝和坡面土壤 DOM 特性的差异在更深的土层和侵蚀模数更大的地点中更大（图 5-5）。

ΔPC1 在表层 0~20cm 土壤中通常小于 0，但在 20cm 以下的深层土壤中通常大于 0，并且它们都与侵蚀模数呈正相关（$P<0.1$，图 5-5）。这一现象表明，对于 0~20cm 的土壤，坡面土壤 DOM 具有比淤地坝更高的 DOC、SUVA$_{254}$、SUVA$_{260}$、C1、C2 和 C4 以及更低的 BIX 和 FI，并且这种差异在侵蚀模数较低的地点更大。对于 20cm 以下的土壤，淤地坝的 DOM 具有比坡面更高的 DOC、SUVA$_{254}$、SUVA$_{260}$、C1、C2 和 C4 以及更高的 BIX 和 FI，并且这种差异在侵蚀模数较高的地点中更大。随着侵蚀模数的增加，淤地坝和坡面土壤 DOM 性质的差异从表层土壤扩展到深层土壤。

随机森林模型表明，0~200cm 土层淤地坝和坡面 DOM 含量和光谱特征的绝对变化受到土壤性质的绝对变化、土层深度和植被生长条件的影响（图 5-

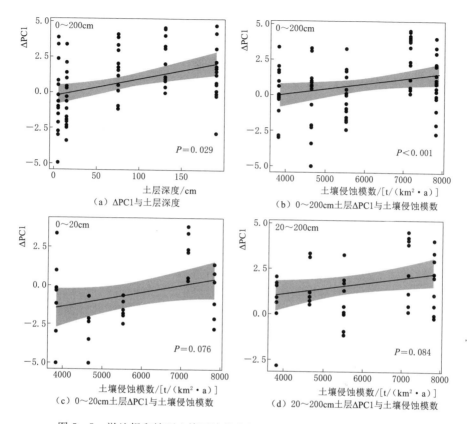

图 5-5　淤地坝和坡面土壤可溶性有机质主成分的绝对变化（ΔPC1）
与土层深度和土壤侵蚀模数的线性相关关系

6）。ΔSOC、ΔMWD、土层深度、ΔC/N、地上生物量和凋落物生物量对 DOM 的 ΔPC1 值的影响程度依次下降。基于皮尔逊相关性分析，ΔSOC、ΔMWD、土层深度和 ΔPC1 呈正相关，ΔC/N、地上生物量和凋落物生物量与 ΔPC1 呈负相关。对 ΔPC1 的影响因素也随深度变化。对于 0～20cm 表层土壤，ΔSOC、年均温、地上生物量，ΔMWD、年均降水量对 ΔPC1 影响程度的重要性依次降低；对于 20cm 以下的深层土壤，ΔSOC、ΔMWD、ΔC/N、地上生物量对 ΔPC1 预测的重要性依次降低。

　　淤地坝坡面土壤 DOM 的潜在来源和特征在表层和深层土壤中不同（图 5-2～图 5-4）。FI 结果表明，表层土壤中的 DOM（FI=1.75）来自陆地植物、土壤有机质和微生物活动，而深层土壤中的 DOM（FI=2.02）主要来自微生物活动（McKnight et al.，2001）。对于 0～20cm 表层土层，ΔPC1 由凋落物生物量、年均温、地上生物量和年均降水量负向解释，由 ΔSOC 和 ΔMWD 正向解释。因此，更好的气候和植被生长条件有助于补偿坡面土壤有机质的损失，从

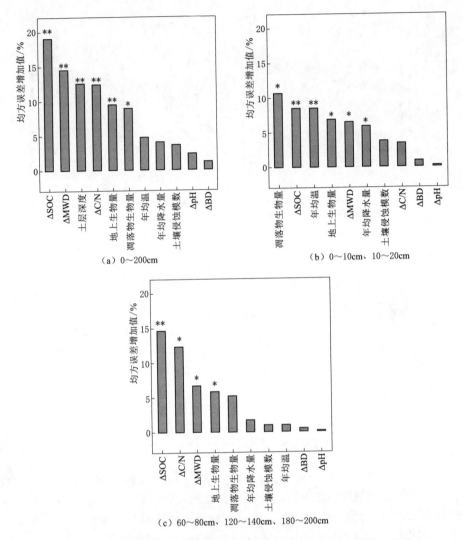

（a）0～200cm

（b）0～10cm、10～20cm

（c）60～80cm、120～140cm、180～200cm

图 5-6　基于随机森林模型淤地坝和坡面土壤可溶性有机质主成分的
绝对变化（ΔPC1）的影响因素

而使坡面土壤具有更高的 DOC 含量，DOM 主要来自植物和土壤有机质。对于20cm 以下的深层土壤，ΔPC1 主要受土壤性质的影响。更好的土壤结构（由水稳性团聚体平均重量直径表示）促进了 DOM 从表层土壤向深层土壤的移动，并为微生物产生更多 DOM 创造了更好的通气条件（Huguet et al.，2009）。土壤C/N 与 DOM 的 ΔPC1 之间存在负相关，土壤有机质碳氮比较低表明土壤有机质更易被微生物分解（Rumpel et al.，2011）。本章研究发现低 C/N 土壤中不稳定有机质组分的含量更高（$r = -0.425$，$P < 0.001$）。因此，对于表层土壤，典型

沉积地形淤地坝和典型侵蚀地形坡面DOM含量和光谱参数的差异性由植物、土壤和气候因素驱动，而对于深层土壤，主要由土壤因素驱动。

对于0～20cm的表层土壤，坡面土壤DOM的ΔPC1值高于淤地坝，并且随着侵蚀模数的降低，这种差异更大[图5-5（c）]。与本章研究类似，在瑞士高山草地的研究表明，沉积湿地中0～5cm土层土壤DOM的$SUVA_{254}$低于参考点，侵蚀模数为11t/（$hm^2$·a）的地点差异大于侵蚀模数为30t/（$hm^2$·a）的地点（Park et al.，2014）。如上所述，表层土壤中ΔPC1主要由植物生物量驱动。在侵蚀模数较低的地点，地上生物量和凋落物生物量较高，呈负相关（r分别为−0.653和−0.435；$P<0.05$），较好的植被生长条件将导致坡面土壤有机质的更大补偿，从而导致土壤DOM的PC1差异更大。对于20cm以下的深层土壤，淤地坝的PC1值高于坡面，并且随着侵蚀模数的增加，这种变化更大。土壤侵蚀模数越高，ΔSOC和ΔMWD越大（相关系数分别为0.441和0.373；$P<0.01$），因此导致PC1的较大变化。关于深层土壤侵蚀强度对DOM影响的研究非常有限。Steinmuller等（2020）报告称，土壤侵蚀强度的大小不会影响美国北部Barataria海湾0～1m土层的DOM光谱参数，同时在他们的研究中，土壤有机质也不会因土壤侵蚀强度的大小而改变。从另一个角度来看，淤地坝和坡面土壤DOM的PC1值的绝对变化发生在侵蚀模数较低地点的表层土壤，并延伸到侵蚀模数较高地点的深层土壤。

## 5.7 小结

本章研究了黄土高原由北至南神木、绥德、安塞、固原和长武5个小流域淤地坝和坡面土壤0～200cm土层土壤DOM剖面分布特征，通过分析DOM紫外可见光谱和荧光光谱参数及平行性因子分析，研究了DOM的来源和组成，小结如下：

黄土高原南部的固原和长武DOM中UVA类及UVC类腐殖质含量较高，较难分解，黄土高原北部的神木DOM中类蛋白质和类络氨酸含量较高，较容易分解。表层土壤DOM主要来源于陆生植物和土壤有机质，含较多芳香性腐殖质，较难分解；深层土壤DOM主要来源于微生物活动，芳香性、疏水性较弱，分子量较小，较容易分解。

淤地坝和坡面土壤DOM光谱参数的差异主要集中于深层土壤，源于微生物活动而不是植物和土壤有机质。5个小流域淤地坝深层土壤DOC含量比坡面高，DOM芳香性、疏水性和分子量比坡面大，自生源特征较弱，UVA和UVC类腐殖质含量较高，更难分解，并且这种差异在土壤侵蚀模数较大的地点更高，主要由土壤性质的变化驱动。对于表层0～20cm土壤，坡面和淤地坝的DOM

模式与深层土壤相反，主要是由于有机物质的植被补偿，导致坡面的 DOC 含量以及 DOM 的芳香性、疏水性和外源特征高于淤地坝。

　　通过对中国黄土高原侵蚀梯度带淤地坝和坡面的实地调查，获得了淤地坝和坡面土壤 DOM 含量、组成和来源的变化。研究侵蚀沉积环境土壤 DOM 的含量、组成和来源需要考虑土层深度、土壤侵蚀强度以及气候和植被特征。然而，土壤 DOM 特性在侵蚀、运输和沉积过程中如何动态变化还需要进一步研究。

# 第 6 章

# 黄土高原淤地坝土壤团聚体碳氮含量

团聚体是控制土壤有机质和养分循环的主要结构单元（Bronick et al.，2005）。土壤碳氮的周转和团聚体结合碳氮紧密相关。研究团聚体结合态碳氮的变化有助于明确土壤碳氮稳定性。

土壤团聚体通常分为大团聚体（＞0.25mm）和微团聚体（0.053～0.25mm）；小于0.053mm的为粉黏粒。根据团聚体分级理论，团聚体粒级越大，团聚体结合态碳氮含量越高，因为大级别的团聚体是由小级别团聚体和有机物质胶结形成（Oades et al.，1991）。对于大多数温带土壤，大团聚体比微团聚体中碳氮更富集。土壤质地是控制土壤团聚体分布及团聚体碳氮含量的因素之一。黏粒比表面积大并且化学结合力强，作为胶结物质促进大团聚体和微团聚体的形成（Bronick et al.，2005）。以往研究报道，团聚体粒级越大，团聚体碳氮含量越小（Spaccini et al.，2004；Gao et al.，2013），与团聚体分级理论不符。这可能是因为土壤质地不同，相比土壤粗颗粒，细颗粒更容易富集碳氮。

团聚体粒级通常和需要破坏它们的能量负相关（Stewart et al.，2007），团聚体粒级越大，破坏其所需要的能量越小。大团聚体结合的碳氮比微团聚体或粉黏粒结合的碳氮更容易受到外界条件影响（Cambardella et al.，1993）。此外，随团聚体粒级增大，有机碳周转时间降低，微团聚体有机碳比大团聚体有机碳保存的时间更长，因为大团聚体有机碳富含来源于植物枯枝落叶的不稳定组分。例如，Arevalo 等（2012）对加拿大不同土地利用类型土壤有机碳矿化的研究表明，大团聚体有机碳贡献了总有机碳矿化的77%。

不同级别团聚体有机碳的稳定机制不同。大团聚体和微团聚体在底物和微生物之间通过形成物理性屏障而保护有机碳，因此当团聚体破碎时这部分有机碳非常容易矿化损失（Six et al.，2002）。有机碳和土壤颗粒（粉粒和黏粒）的化学结合作用被认为是最有效的有机碳稳定机制（Schmidt et al.，2011），矿物表面为捕获和吸附有机碳提供位点（Chenu et al.，2006）。此外，因为矿质-有机碳复合物能和其他有机、无机物质形成团聚体，吸附在矿物表面的有机碳在团聚体中进一步闭存。矿物的吸附作用和团聚体的物理保护作用，共同存在且相互影响。

土壤侵蚀影响陆地生态系统碳氮循环（Harden et al.，1999；Lal，2003；Berhe et al.，2007；Doetterl et al.，2016；Yao et al.，2022）。侵蚀破坏坡面土壤团聚体，导致闭存在团聚体中的碳氮曝露，增大其矿化风险（Lal，2003；Berhe et al.，2012）。大团聚体的破碎会增加土壤中微团聚体和粉黏粒的比例。土壤侵蚀和沉积对土壤团聚体碳氮影响的研究相对较少，但是对于土壤碳氮的稳定机制非常重要。

本章选取了黄土高原由北至南神木、绥德、安塞、固原和长武 5 个地点典型小流域，研究了典型的沉积区淤地坝和典型的侵蚀区坡面 0～200cm 土层土壤团聚体结合态碳氮含量，旨在明确土壤侵蚀沉积对土壤团聚体结合态碳氮的影响，该结果有助于进一步分析淤地坝土壤碳氮的团聚体物理保护机制。

# 6.1　淤地坝土壤团聚体有机碳含量

研究区大团聚体、微团聚体及粉黏粒结合态有机碳含量分别表示为 MA - OC、MI - OC 和 SC - OC，其平均值分别为 2.85g/kg（0.23～15.97g/kg）、1.86g/kg（0.30～8.07g/kg）和 2.13g/kg（0.25～6.92g/kg）。说明大团聚体有机碳含量最高，符合团聚体分级理论（Oades et al.，1991）。因为大团聚体最容易受到外力影响崩解破碎（Stewart et al.，2007），而这部分有机碳含量最高，大团聚体的破碎是潜在的碳源。

各个级别团聚体有机碳含量对于地点、土层深度和地形的响应相似（图 6 - 1），均表现为在质地较细的地区（长武、固原和安塞）团聚体有机碳含量更高，0～10cm 及 10～20cm 土层高于 60～80cm、120～140cm 及 180～200cm 土层，在淤地坝大于坡面。Ge 等（2019）研究了黄土高原质地梯度（黏粒 7%～31%）土壤团聚体结合态有机碳，发现黏粒含量越大，MA - OC、MI - OC 和 SC - OC 含量越大，本章研究结果与之一致。各个团聚体级别有机碳含量在不同地点、土层深度和地形的分布规律与全土有机碳含量一致（图 3 - 1）。

土壤侵蚀和沉积对土壤团聚体有机碳含量的影响与地点和土层深度有关（图 6 - 1）。土壤 MA - OC 仅在神木表现为淤地坝大于坡面（$P < 0.05$），其他四个地点 MA - OC 在淤地坝和坡面差异不显著（$P > 0.05$）。神木淤地坝 MA - OC 在 0～10cm、10～20cm、60～80cm、120～140cm 和 180～200cm 土层分别为 12.25g/kg、9.49g/kg、3.76g/kg、2.26g/kg 和 2.27g/kg，在坡面分别为 0.90g/kg、1.28g/kg、0.50g/kg、0.40g/kg 和 0.47g/kg，淤地坝和坡面的比值分别为 13、7、8、6 和 5，说明在 0～10cm 土层地形间差异最大。神木、

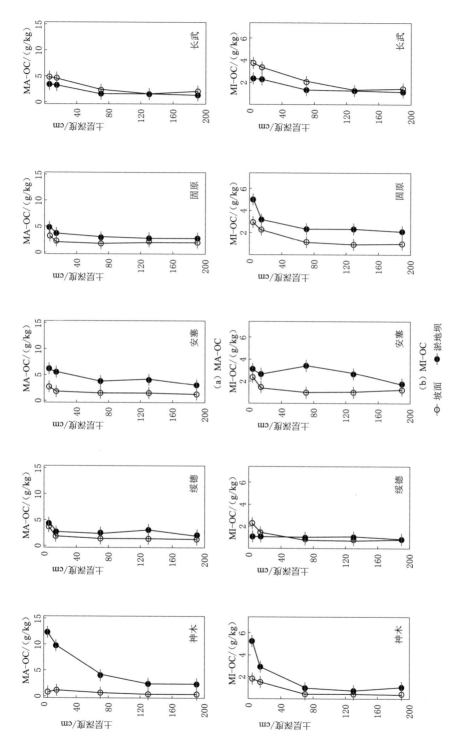

图 6 - 1 （一）　淤地坝和坡面大团聚体有机碳 （MA－OC）、微团聚体有机碳 （MI－OC） 和粉黏粒有机碳 （SC－OC） 含量剖面分布

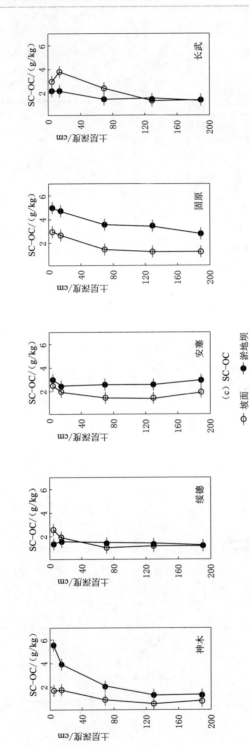

（c）SC-OC

-○- 坡面　-●- 淤地坝

图6-1（三）　淤地坝和坡面大团聚体有机碳（MA-OC）、微团聚体有机碳（MI-OC）和粉黏粒有机碳（SC-OC）含量剖面分布

安塞和固原土壤 MI－OC 和 SC－OC 均表现为淤地坝大于坡面，地形间的差异在神木 0～10cm 土层更大，但是在安塞和固原深层土壤更大。绥德和长武不同地形团聚体 MI－OC 和 SC－OC 的规律与神木、安塞和固原不同，绥德和长武土壤 MI－OC 和 SC－OC 在表层土层表现为坡面大于淤地坝，在深层土壤没有显著差异。

与土壤团聚体的质量百分比相乘后，土壤大团聚体、微团聚体及粉黏粒结合态有机碳含量分别表示为 MA－OC－s、MI－OC－s 和 SC－OC－s，平均值分别为 0.46g/kg（0.01～2.58g/kg）、1.07g/kg（0.21～5.01g/kg）和 0.47g/kg（0.05～1.62g/kg），变异系数分别为 128%、65% 和 59%。当与质量百分比结合，因为微团聚体质量占比最大，MI－OC－s 最高。综合所有数据，MA－OC－s、MI－OC－s 和 SC－OC－s 对全土有机碳含量的贡献率分别为 18.29%、57.83% 和 26.42%，微团聚体对全土有机碳的贡献率最高。这一规律不随地点、土层深度以及地形改变。此外，随着土层深度加深，大团聚体贡献率减小，而粉黏粒的贡献率增大。例如 MA－OC－s 对全土有机碳的贡献率在表层 0～20cm 平均值为 29.95%，在 60～200cm 平均值为 10.50%。

由表 6－1 可知，神木 MA－OC－s 的变化主要源于 MA 质量百分比的影响，而绥德、安塞、长武和固原，大团聚体有机碳含量的变化由 MA 质量百分比以及 MA－OC 共同作用。5 个地点 MI－OC－s 的变化主要源于 MI－OC 和 MI 质量百分比的影响。神木、安塞和固原 SC－OC－s 的变化主要源于 SC－OC 和 SC 质量百分比的共同影响，绥德和长武主要源于 SC－OC 的影响。

表 6－1　单位质量土壤团聚体有机碳（$Y$，g/kg）与团聚体质量百分数（$X1$，%）和团聚体有机碳含量（$X2$，g/kg）的线性回归

| 地点 | 团聚体质量百分数 X1 | | | 团聚体有机碳含量 X2 | | |
| :---: | :---: | :---: | :---: | :---: | :---: | :---: |
| | 斜率 | $R^2$ | $P$ | 斜率 | $R^2$ | $P$ |
| 大团聚体 | | | | | | |
| 神木 | 0.005 | 0.023 | 0.442 | 0.089 | 0.650 | <0.001 |
| 绥德 | 0.037 | 0.851 | <0.001 | 0.162 | 0.444 | <0.001 |
| 安塞 | 0.022 | 0.525 | <0.001 | 0.055 | 0.282 | 0.003 |
| 固原 | 0.043 | 0.877 | <0.001 | 0.588 | 0.731 | <0.001 |
| 长武 | 0.046 | 0.802 | <0.001 | 0.422 | 0.725 | <0.001 |
| 微团聚体 | | | | | | |
| 神木 | 0.000 | 0.000 | 0.990 | 0.969 | 0.659 | <0.001 |
| 绥德 | −0.002 | 0.001 | 0.859 | 9.064 | 0.649 | <0.001 |
| 安塞 | −0.018 | 0.023 | 0.430 | 0.973 | 0.607 | <0.001 |
| 固原 | −0.022 | 0.311 | 0.001 | 0.772 | 0.323 | <0.001 |
| 长武 | −0.011 | 0.059 | 0.195 | 0.813 | 0.360 | <0.001 |

续表

| 地点 | 团聚体质量百分数 X1 | | | 团聚体有机碳含量 X2 | | |
|------|------|------|------|------|------|------|
| | 斜率 | $R^2$ | $P$ | 斜率 | $R^2$ | $P$ |
| 粉黏粒 | | | | | | |
| 神木 | 0.055 | 0.309 | 0.001 | 0.211 | 0.940 | <0.001 |
| 绥德 | −0.001 | 0.004 | 0.756 | 0.136 | 0.652 | <0.001 |
| 安塞 | 0.031 | 0.263 | 0.004 | 0.300 | 0.837 | <0.001 |
| 固原 | −0.019 | 0.218 | 0.009 | 0.122 | 0.427 | <0.001 |
| 长武 | 0.005 | 0.048 | 0.247 | 0.136 | 0.796 | <0.001 |

　　用淤地坝单位质量土壤大团聚体、微团聚体和粉黏粒有机碳含量减去坡面相应级别单位质量土壤团聚体有机碳的含量的数值（分别表示为 $\Delta MA-OC-s$、$\Delta MI-OC-s$ 和 $\Delta SC-OC-s$）和淤地坝全土有机碳含量减去坡面有机碳含量的数值（$\Delta SOC$）做线性相关分析（图 6-2）。研究结果发现，对于神木、安塞和固原，$\Delta MA-OC-s$、$\Delta MI-OC-s$ 以及 $\Delta MA-OC-s$ 与 $\Delta SOC$ 相关性显著，绥德仅 $\Delta MI-OC-s$ 与 $\Delta SOC$ 相关性显著（$R^2=0.806$，$P<0.001$），长武仅 $\Delta MA-OC-s$ 与 $\Delta SOC$ 相关性显著（$R^2=0.701$，$P<0.001$）。说明神木、安塞和固原，不同地形全土有机碳含量的差异来自每个组分团聚体有机碳含量的差异，绥德来自微团聚体，长武来自大团聚体。

　　虽然在神木、安塞和固原，不同地形各个级别团聚体有机碳含量的差异都与全土 $\Delta SOC$ 显著相关，但是在神木，小团聚和粉黏粒的相关系数大于大团聚体，安塞在微团聚体中最大，固原在粉黏粒中最大。这些结果表明，神木、安塞和固原淤地坝累积的有机碳主要是源于微团聚体和粉黏粒，相比于大团聚体有机碳，较难分解的，即淤地坝累积的有机碳是相对较稳定的。

　　Cheng 等（2010）研究了东北黑土区坡面 5 个位置土壤颗粒态有机碳（POC，>0.053mm）和矿物结合态有机碳（MOC，<0.053mm），发现土壤侵蚀没有改变 POC 含量，但是 MOC 含量降低了 9.3%～35.2%，说明搬运到淤地坝的有机碳主要是 MOC，更难分解，周转时间长，导致淤地坝是碳库。Wang 等（2018a）在澳大利亚 Frogs Hollow 的研究发现，难分解有机碳（ROC）和腐殖化有机碳（HOC）为淤地坝大于坡面，但是 POC 在淤地坝和坡面差异不显著，也说明了淤地坝积累的有机碳主要是难分解的 ROC 和 HOC。而在较湿润的地点各个组分有机碳在不同地形没有显著差异。

　　在长武，虽然坡面表层土壤 SOC 大于淤地坝，这主要是来自大团聚体（图 6-2），因为大团聚体主要富含植物枯枝落叶等易于分解的有机碳，也说明了长武坡面表层土壤有机碳大于淤地坝可能是因为植物生长更高，补偿了侵

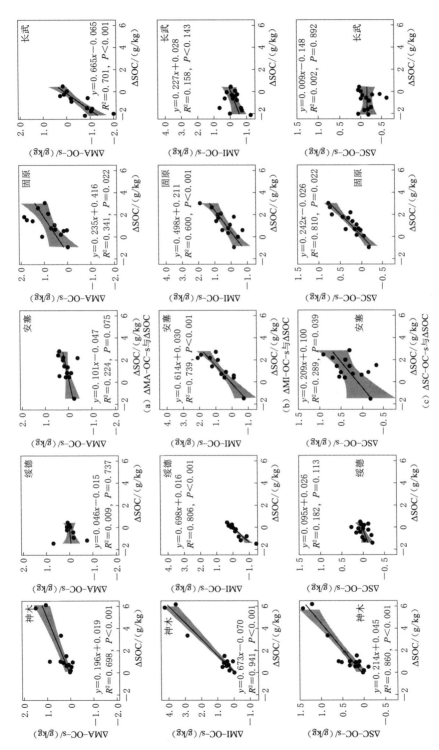

图 6 - 2　不同地点淤地坝和坡面团聚体有机碳的差异与全土有机碳差异的关系

蚀导致土壤有机碳的损失。因为大团聚有机碳最容易被分解，周转较快（Arevalo et al.，2012），那么长武坡面植物输入补偿的土壤有机碳可能更容易分解。绥德和长武的情况类似，坡面表层有机碳比淤地坝大，主要是因为微团聚体的贡献。本章关于团聚体有机碳含量的研究，绥德和长武表层土壤坡面有机碳含量大于淤地坝主要是植物碳输入的原因，这部分碳在大团聚体和微团聚体上较高，容易被分解（Doetterl et al.，2012b）。

## 6.2　淤地坝土壤团聚体全氮含量

研究区土壤大团聚体、微团聚体及粉黏粒全氮含量分别表示为 MA－TN、MI－TN 和 SC－TN，其平均值分别为 0.34g/kg（0.01～1.44g/kg）、0.24g/kg（0.01～1.01g/kg）和 0.30g/kg（0.02～1.23g/kg），均属于中等变异，说明大团聚体全氮含量最高。

各个级别团聚体全氮的含量对于地点、土层深度和地形的响应相似（图 6-3），均表现为在质地较细的地区（长武、固原和安塞）团聚体全氮含量更高，0～10cm 及 10～20cm 土层高于 60～80cm、120～140cm 及 180～200cm 土层，在淤地坝大于坡面。各个团聚体级别全氮含量中不同地点、土层深度和地形的分布与全土全氮含量的分布一致（图 4-1），也与各级别团聚体有机碳含量规律一致（图 6-1）。

神木、安塞和固原土壤 MI－TN 和 SC－TN 均表现为淤地坝大于坡面，且在深层土壤差异更大（图 6-3）。绥德土壤 MI－TN 和 SC－TN 在淤地坝和坡面没有显著差异；长武表层 0～20cm 土壤 MI－TN 和 SC－TN 在坡面大于淤地坝。Wang 等（2020）在比利时黄土区坡面系统的研究发现，淤地坝深层土壤（45～70cm 和 160～200cm）重组部分全氮含量大于坡面，但是游离的轻组部分全氮含量没有显著差异，并且在表层土壤（5～10cm）重组部分全氮含量在淤地坝和坡面没有显著差异，该研究说明淤地坝和坡面全氮含量的差异主要在深层土壤的重组部分。

当与质量百分数相乘后，单位质量土壤大团聚体、微团聚体及粉黏粒全氮含量分别表示为 MA－TN－s、MI－TN－s 和 SC－TN－s，其平均值分别为 0.06g/kg（0.00～0.48g/kg）、0.13g/kg（0.01～0.51g/kg）和 0.07g/kg（0.00～0.23g/kg）。当与质量百分比结合，微团聚体质量占比最大，MI－TN－s 最高。综合所有数据，MA－TN－s、MI－TN－s 和 SC－TN－s 对全土全氮含量的贡献率分别为 16.92%、55.04% 和 28.92%，微团聚体对全土全氮的贡献率最高，这一规律不随地点、土层深度以及地形改变。此外，随着土层深度加深，大团聚体贡献率减小，而粉黏粒的贡献率增大。例如 MA－TN－s

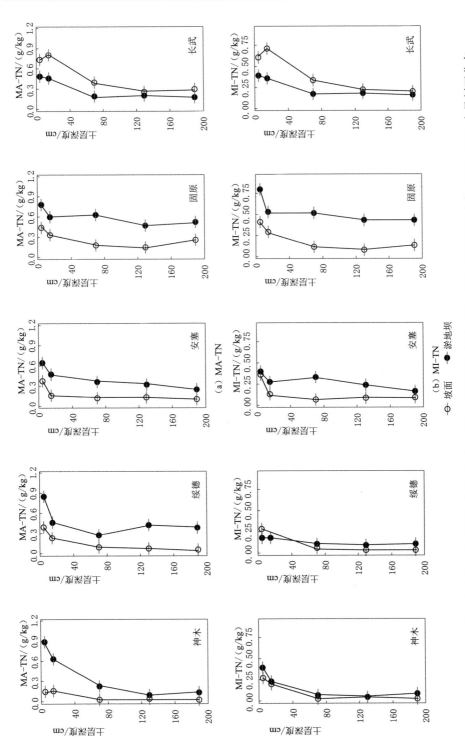

图 6-3 （一）　淤地坝和坡面大团聚体全氮（MA-TN）、微团聚体全氮（MI-TN）和粉黏粒全氮（SC-TN）含量剖面分布

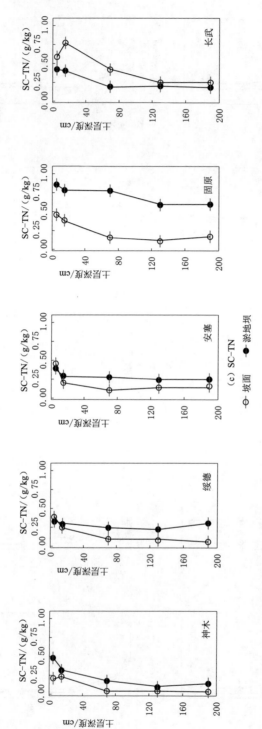

图 6 – 3 （二） 淤地坝和坡面大团聚体全氮 （MA – TN）、微团聚体全氮 （MI – TN） 和粉黏粒全氮 （SC – TN） 含量剖面分布

对全土全氮的贡献率在表层 0～20cm 平均值为 27.88％，在 60～200cm 平均值为 9.62％。

由表 6-2 可知，5 个小流域 MA-TN-s 的变化由 MA 质量百分比以及 MA-TN 共同作用，对于神木，MA-TN 的决定系数大于 MA 质量百分数；绥德和安塞 MA 质量百分数的决定系数大于 MA-TN；固原和长武二者决定系数相似。5 个地点 MI-TN-s 和 SC-TN-s 的变化主要源于 MI-TN 和 SC-TN 的影响。

表 6-2　　单位质量土壤团聚体全氮 （$Y$，g/kg） 与团聚体质量百分数 （X1，％） 和团聚体全氮含量 （X2，g/kg） 的线性回归

| 地点 | 团聚体质量百分数 X1 | | | 团聚体全氮含量 X2 | | |
|---|---|---|---|---|---|---|
| | 斜率 | $R^2$ | $P$ | 斜率 | $R^2$ | $P$ |
| 大团聚体 | | | | | | |
| 神木 | 0.001 | 0.230 | 0.007 | 0.082 | 0.495 | ＜0.001 |
| 绥德 | 0.005 | 0.714 | ＜0.001 | 0.089 | 0.325 | 0.001 |
| 安塞 | 0.004 | 0.649 | ＜0.001 | 0.097 | 0.351 | 0.001 |
| 固原 | 0.007 | 0.816 | ＜0.001 | 0.429 | 0.755 | ＜0.001 |
| 长武 | 0.008 | 0.804 | ＜0.001 | 0.462 | 0.831 | ＜0.001 |
| 微团聚体 | | | | | | |
| 神木 | −0.002 | 0.039 | 0.295 | 0.624 | 0.937 | ＜0.001 |
| 绥德 | −0.002 | 0.054 | 0.217 | 0.646 | 0.979 | ＜0.001 |
| 安塞 | −0.005 | 0.122 | 0.058 | 0.593 | 0.977 | ＜0.001 |
| 固原 | −0.005 | 0.309 | 0.001 | 0.393 | 0.838 | ＜0.001 |
| 长武 | −0.003 | 0.145 | 0.038 | 0.356 | 0.866 | ＜0.001 |
| 粉黏粒 | | | | | | |
| 神木 | 0.004 | 0.168 | 0.024 | 0.193 | 0.910 | ＜0.001 |
| 绥德 | 0.000 | 0.005 | 0.708 | 0.216 | 0.841 | ＜0.001 |
| 安塞 | 0.002 | 0.128 | 0.052 | 0.234 | 0.729 | ＜0.001 |
| 固原 | −0.004 | 0.174 | 0.022 | 0.160 | 0.899 | ＜0.001 |
| 长武 | 0.000 | 0.001 | 0.865 | 0.154 | 0.563 | ＜0.001 |

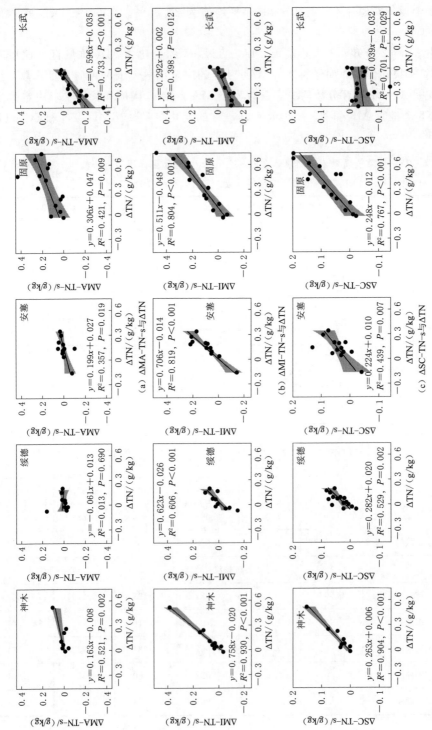

图6-4　不同地点淤地坝和坡面团聚体全氮的差异与全土全氮差异的关系

用淤地坝单位质量土壤大团聚体、微团聚体和粉黏粒全氮含量减去坡面相应级别单位质量土壤团聚体全氮含量的数值（分别表示为 $\Delta MA-TN-s$、$\Delta MI-TN-s$ 和 $\Delta SC-TN-s$）和淤地坝全土全氮含量减去坡面全氮含量的数值（$\Delta TN$）做线性相关分析（图6-4）。在神木、安塞、固原和长武，$\Delta MA-TN-s$、$\Delta MI-TN-s$ 以及 $\Delta SC-TN-s$ 与 $\Delta TN$ 相关性显著；绥德 $\Delta MI-OC-s$ 及 $\Delta SC-TN-s$ 与 $\Delta TN$ 相关性显著（$P<0.05$）。此外，在神木和固原，$\Delta MI-TN-s$ 和 $\Delta SC-TN-s$ 与 $\Delta TN$ 的相关系数大于 $\Delta MA-TN-s$ 与 $\Delta TN$ 的相关系数，说明神木和固原淤地坝全氮的累积主要来自微团聚体和粉黏粒，而不是大团聚体，较为稳定。在安塞 $\Delta MI-TN-s$ 和 $\Delta TN$ 的相关系数最大。在长武，$\Delta MA-TN-s$ 与 $\Delta TN$ 的相关系数最大，与有机碳类似，坡面土壤全氮大于淤地坝主要来源于大团聚体，容易分解。

# 6.3　淤地坝土壤团聚体碳氮比

大团聚体、微团聚体及粉黏粒有机碳与全氮计量比（C/N）平均值分别为 12.72（2.46～46.55）、12.20（4.09～40.40）和 10.72（2.59～37.14），变异系数分别为59%、53%和56%，均属于中等变异。粉黏粒组分 C/N 大于大团聚体（$P<0.05$），说明相比粉黏粒，大团聚体更易受到氮的限制，即随团聚体级别增大，团聚体中 C/N 增大。Ge 等（2019）报道，在扶风、彬县、延安和神木，随团聚体粒级增大，团聚体 C/N 降低，在永寿微团聚体 C/N 大于大团聚体和粉黏粒 C/N。通常认为大团聚体结合的有机质比粉黏粒结合的有机质更容易分解（Six et al.，2002；Arevalo et al.，2012），同时土壤有机质的 C/N 越小表明有机质越容易降解（Rumpel et al.，2011）。

各个级别团聚体 C/N 对地点、土层深度和地形的响应相似（图6-5），均表现为各级别团聚体 C/N 在神木、绥德大于安塞和固原；在长武最小，团聚体 C/N 随土层深度的增大而增大，在淤地坝小于坡面。在土壤质地较细的地区、深层土壤和坡面，土壤团聚体碳氮含量较低，而团聚体 C/N 较高。土壤侵蚀和沉积对团聚体 C/N 的影响依赖于地点和土层深度。安塞和长武每个级别团聚体 C/N 在淤地坝和坡面没有显著差异。神木表层土壤大团聚体 C/N 和微团聚体 C/N 在淤地坝大于坡面，绥德和固原淤地坝大团聚体、微团聚体和粉黏粒 C/N 大于坡面。

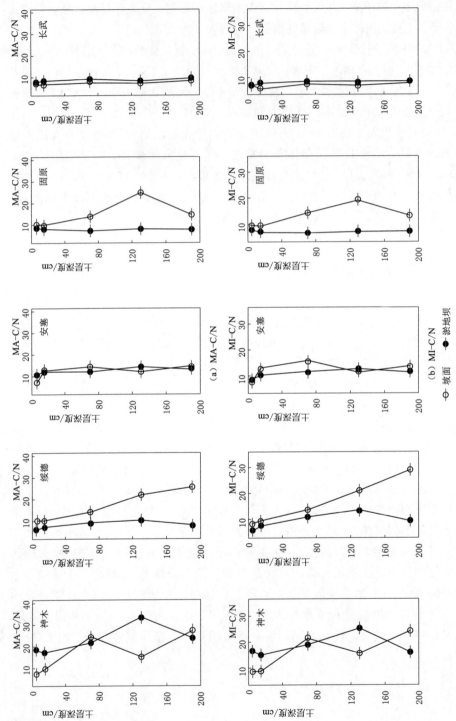

图 6 - 5 （一）　淤地坝和坡面大团聚体碳氮比（MA－C/N）、微团聚体碳氮比（MI－C/N）和粉黏粒碳氮比（SC－C/N）的剖面分布

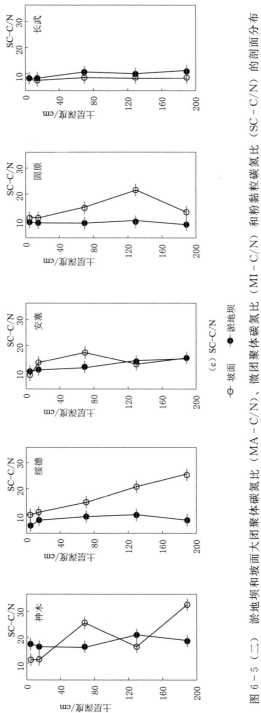

图 6-5（二）　淤地坝和坡面大团聚体碳氮比（MA－C/N）、微团聚体碳氮比（MI－C/N）和粉黏粒碳氮比（SC－C/N）的剖面分布

（c）SC-C/N

-○- 坡面　-●- 淤地坝

103

## 6.4　淤地坝土壤团聚体碳氮的空间异质性

### 6.4.1　水平空间异质性

图 6-6 为神木大淤地坝（坝长 450m）和安塞大淤地坝（坝长 287m）0～200cm 深度土壤全氮含量从坝尾到坝前的空间分布特征。神木淤地坝各土层 MA-

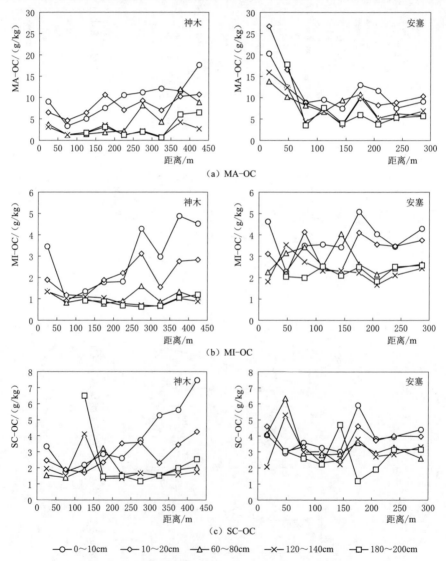

(a) MA-OC

(b) MI-OC

(c) SC-OC

○─ 0～10cm　　◇─ 10～20cm　　△─ 60～80cm　　×─ 120～140cm　　□─ 180～200cm

图 6-6　神木和安塞大淤地坝大团聚体有机碳（MA-OC）、微团聚体有机碳（MI-OC）
和粉黏粒有机碳（SC-OC）水平分布

OC、MI－OC 和 SC－OC 从坝尾到坝前表现出逐渐上升的趋势，这与全土有机碳水平异质性相似。MA－OC、MI－OC 和 SC－OC 与从坝尾至坝前距离的相关系数分别为 0.72、0.60 和 0.72。土壤团聚体有机碳含量的水平空间分布趋势主要存在于 0～10cm 和 10～20cm 表层土壤，随土层深度的增大逐渐削弱。与神木淤地坝土壤团聚体有机碳水平分布规律不同，安塞淤地坝 0～200cm 土层土壤 MA－OC 从坝尾到坝中均呈显著降低趋势，从坝中到坝前表现为微弱波动，土壤 MI－OC 和 SC－OC 水平分布均表现为波动型变化。在土壤侵蚀过程中，从坝尾到坝前，团聚体在外力作用下破碎，安塞土壤侵蚀强度较大（表 2－1），导致 MA－OC 从坝尾到坝中降低。安塞和神木淤地坝不同土层深度土壤团聚体全氮的水平分布与团聚体有机碳的水平分布相似（图 6－7）。

### 6.4.2　垂直空间异质性

图 6－8 为安塞和神木淤地坝坝尾、坝中和坝前土壤团聚体有机碳含量的剖面分布图。图 6－9 为土壤团聚体全氮含量的剖面分布图。可以看出，无论在研究区地点、所处淤地坝水平位置和团聚体级别，团聚体有机碳和全氮含量随土层深度的增加而逐渐降低，其中 0～80cm 降低幅度较大而 80～200cm 降低幅度

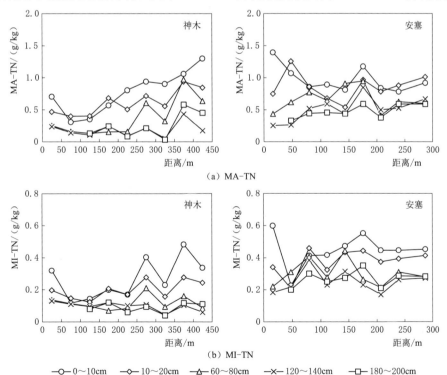

图 6－7（一）　神木和安塞大淤地坝大团聚体全氮（MA－TN）、微团聚体全氮（MI－TN）
和粉黏粒全氮（SC－TN）含量水平分布

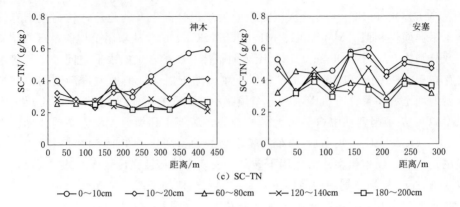

图 6-7（二） 神木和安塞大淤地坝大团聚体全氮（MA-TN）、微团聚体全氮（MI-TN）和粉黏粒全氮（SC-TN）含量水平分布

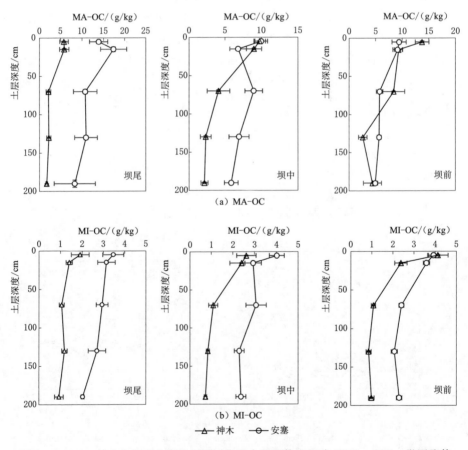

图 6-8（一） 神木和安塞大淤地坝不同位置大团聚体有机碳（MA-OC）、微团聚体有机碳（MI-OC）和粉黏粒有机碳（SC-OC）含量剖面分布

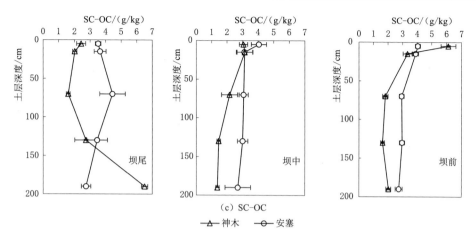

图 6-8（二）　神木和安塞大淤地坝不同位置大团聚体有机碳（MA-OC）、微团聚体
有机碳（MI-OC）和粉黏粒有机碳（SC-OC）含量剖面分布

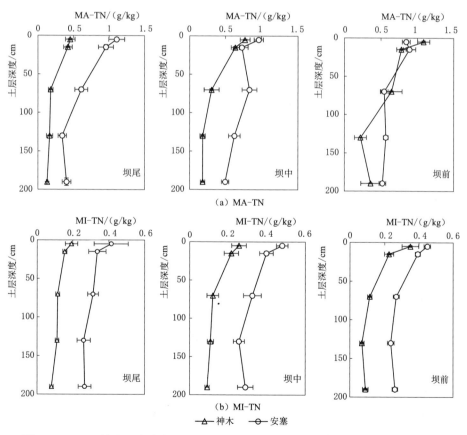

图 6-9（一）　神木和安塞大淤地坝不同位置大团聚体全氮（MA-TN）、微团聚体
全氮（MI-TN）和粉黏粒全氮（SC-TN）含量剖面分布

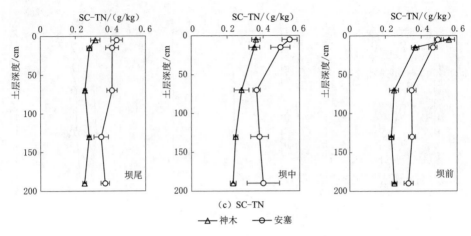

图 6-9（二）　神木和安塞大淤地坝不同位置大团聚体全氮（MA-TN）、微团聚体
全氮（MI-TN）和粉黏粒全氮（SC-TN）含量剖面分布

较小。总体来说安塞团聚体有机碳和全氮含量在坝中和坝前大于坝尾，但是在坝前位置不同地点淤地坝和坡面团聚体有机碳和全氮的差异要小于坝尾和坝中。在坝前位置，团聚体有机碳和全氮含量的垂直变异性要大于坝尾和坝中位置，说明团聚体有机碳和全氮含量的垂直变异性与所处淤地坝的位置有关。

## 6.5　小结

本章通过物理筛分的方法，将土壤分为大团聚体、微团聚体和粉黏粒三个组分。本章研究了黄土高原由北至南神木、绥德、安塞、固原和长武 5 个地点小流域淤地坝和坡面土壤团聚体碳氮含量的分布特征，在单个淤地坝尺度探讨了神木和安塞土壤团聚体碳氮含量的空间异质性。

土壤有机碳和全氮含量在大团聚体最高，与质量分数结合后，单位质量土壤有机碳和全氮含量在微团聚体中最高。微团聚体有机碳对土壤有机碳的贡献率为 58%，微团聚体全氮对土壤全氮的贡献率为 55%。随着土层深度加深，大团聚体贡献率减小，而粉黏粒贡献率增加。

神木大团聚体有机碳和全氮含量在淤地坝大于坡面，神木、安塞和固原小流域淤地坝微团聚体和粉黏粒有机碳和全氮含量大于坡面，且淤地坝和坡面各级别团聚体有机碳含量的差异在神木表层土壤、安塞和固原深层土壤更大，淤地坝和坡面各级别团聚体全氮含量的差异在这三个地点深层土壤更大。绥德和长武小流域淤地坝和坡面土壤团聚体有机碳含量的差异仅表现在表层 0～20cm

土壤，表现为微团聚体和粉黏粒有机碳在坡面大于淤地坝。神木、安塞和固原小流域淤地坝累积的有机碳和全氮主要存在于微团聚体和粉黏粒中，相对稳定，不易分解。绥德坡面比淤地坝多的有机碳主要存在于微团聚体。长武坡面比淤地坝多的有机碳和全氮主要存在于大团聚体，这部分碳氮较容易随大团聚体破碎而损失。

在单个淤地坝尺度，神木土壤大团聚体、微团聚体和粉黏粒有机碳和全氮含量在 0～20m 土层从坝尾到坝前逐渐增加，与全土碳氮水平分布规律相似，随土层深度增加团聚体碳氮水平异质性削弱。在土壤侵蚀强度较大的安塞，土壤大团聚体碳氮从坝尾到坝中降低，从坝中到坝前微弱波动。在垂直方向，土壤团聚体碳氮含量随土层深度的增大而降低，在坝前位置的垂直变异性大于坝尾和坝中位置。

# 第 7 章

# 黄土高原淤地坝土壤碳循环

　　IPCC 特别报道指出，2030—2052 年全球气温比前工业时代高 1.5℃。温度升高会促进土壤有机质分解，增加 $CO_2$ 和无机氮的释放。土壤有机碳矿化分解对温度的响应均遵循 CQT（carbon quality temperature）假说（Craine et al.，2010），即底物越难分解，其温度敏感性越大。同时土壤碳矿化也受到水分条件的影响，适宜的水分和温度有利于微生物的活动。在全球增温背景下，黄土高原地区气候暖干化趋势越来越明显，冬季增温趋势高于夏季，除 6 月降雨量增加其他月份降雨量均减少。地势低洼的地区土壤水分含量较高而温度较低。

　　土壤侵蚀带走富含碳氮的表土，一部分在搬运过程中损失，另一部分在低洼地沉积埋藏（Berhe et al.，2017）。在侵蚀-搬运-沉积的过程中，土壤有机质的化学组分、团聚体对有机质的物理保护作用、有机质在粉黏粒上吸附的化学保护作用发生变化（Doetterl et al.，2016）。伴随土壤有机质再分布（数量和质量改变），土壤颗粒的迁移和堆积通过改变环境要素间接影响土壤碳循环。

　　本章概述了侵蚀-搬运-沉积体系土壤碳循环过程，分析了侵蚀各个阶段土壤碳稳定及分解机制，研究了黄土高原由北至南神木、绥德、安塞、固原和长武 5 个地点小流域淤地坝和坡面 0～200cm 土壤碳矿化特征及其温度和水分敏感性，有助于降低侵蚀驱动下碳源汇关系的不确定。

## 7.1　侵蚀-搬运-沉积体系土壤碳循环

### 7.1.1　土壤侵蚀对陆地碳的源汇作用

　　土壤侵蚀是指地球表面的土壤及其母质受水力、风力、冻融和重力等外力作用，在各种自然因素和人为因素的影响下，发生的各种破坏、分离、搬运和沉积的现象（张洪江，2000）。砍伐森林、过度放牧、过度耕作和不合理的农业管理方式会加剧土壤侵蚀。土壤侵蚀会使地表最肥沃的土壤流失，从而导致土地退化、生产力下降，引起江河淤积、水体富营养化及增加洪涝灾害（郑粉莉等，2008）。

土壤碳及其动态在全球碳循环中扮演着重要角色。全球 1m 深土壤碳库为2500Pg，其中包含土壤有机碳库 1550Pg 和无机碳库 950Pg。土壤碳库是大气碳库（760Pg）的 3.3 倍，是生物碳库（560Pg）的 4.5 倍。因此土壤碳库的轻微变化就会导致大气 $CO_2$ 浓度发生波动。

土壤侵蚀会迁移搬运坡面表层土壤，并在河流山麓等区域沉积埋藏。2012年全球土壤侵蚀量为 35.9Pg/a，大部分侵蚀的土壤（70%～90%）最终在该小流域或者相邻小流域地势低洼的区域沉积（Borrelli et al.，2017；Stallard，1998）。土壤侵蚀（主要是水力侵蚀）导致全球土壤有机碳的水平通量为 2.5Pg/a（Borrelli et al.，2017）。伴随着数量巨大的横向碳通量，在垂直方向，侵蚀可以通过促进矿化增大 $CO_2$ 的排放，也可以通过沉积埋藏降低 $CO_2$ 的排放（Lal，2003；Van Oost et al.，2007），从而对气候产生影响。土壤侵蚀驱动下的陆地碳源汇作用，至今仍存在很大争议，每年会导致全球 1Pg 的碳源或 1Pg 的碳汇（Doetterl et al.，2016）。

以 Lal 和 Jacinthe 为代表的学者们认为土壤侵蚀是碳源。Lal（2003）研究表明土壤侵蚀导致全球每年 0.8～1.2Pg 碳释放到大气，后工业时代（1850—1998 年）土壤侵蚀造成全球土壤碳释放共（26±9）Pg（Lal，2004）。Jacinthe等（2001）报道，水力侵蚀导致全球农业土壤每年有 0.37Pg 碳释放到大气。针对 Van Oost（2007）关于侵蚀导致全球农业土壤碳固定的报道，Lal 等（2008）基于侵蚀区土壤生产力以及分离、搬运和沉积这三个关键侵蚀阶段的碳循环过程，重申土壤侵蚀是碳源而非碳库：①侵蚀区土壤质量降低，例如有效水和养分、土壤团聚体、水分入渗能力以及根系有效深度降低，这使得侵蚀区土壤生产力降低，归还到土壤中的地上和地下生物量降低；②泥沙携带的土壤有机碳主要是轻组部分，容易被矿化分解；③虽然沉积区耕层下的土壤有机碳被保护，但是表层 0～20cm 的土壤有机碳很容易受到人类活动或气候变化的影响而矿化分解。最后，沉积区的厌氧环境可能导致 $CH_4$ 和 $N_2O$ 的释放。

以 Stallard、Smith、Van Oost、Berhe 等为代表的学者认为土壤侵蚀是碳汇。Stallard（1998）通过模型模拟，认为人为活动每年导致的全球碳汇为0.6～1.5Pg。Smith 等（2001）的研究表明土壤侵蚀导致美国每年 0.04Pg 碳沉积。Van Oost 等（2007）通过[137]Cs 与大尺度土壤碳含量的调查，认为全球农田土壤侵蚀导致每年 0.12Pg 碳（0.06～0.27Pg）的固定。Berhe 等（2007）报道全球土壤侵蚀每年导致的碳汇为 0.72Pg。这些学者们主要基于以下两点认为土壤侵蚀是碳汇。首先，土壤侵蚀使侵蚀区土壤有机碳损失，但是损失的有机碳库会因为植物的再次生长归还地下和地上生物量而得到补充，因此侵蚀区土壤再次获得了生态系统碳。其次，泥沙携带有机碳在沉积区被埋藏，耕层深度下的有机碳被包裹起来矿化降低，分散的粉黏粒再次团聚，固定土壤碳并且降低矿化的风险。

学者们对于土壤侵蚀驱动下的碳源汇作用持有不同观点，并且学者们报道的侵蚀驱动下的碳释放或碳固定数值存在很大差异。Doetterl 等（2016）在综述文章中总结，土壤侵蚀的碳源汇作用的不确定性主要有两点原因：①研究手段与时空尺度不同造成研究结果的差异，这导致估计的土壤侵蚀量存在数量级上的差别。不同地形景观的要素（例如侵蚀区的土壤以及沉积区埋藏的泥沙）被分别研究而非当作整体来系统研究（Kirkels et al.，2014），并且研究的时间尺度也不同（每次降雨事件或者百年千年长期尺度）。②欠缺对不同侵蚀阶段中碳循环的了解（de Nijs et al.，2020；Kirkels et al.，2014）。如果要考虑侵蚀对土壤碳循环的长期影响，那么考虑被侵蚀碳的稳定性就很重要。因此，对于整个侵蚀-沉积连续地形，在土壤侵蚀的不同阶段（分离、搬运和沉积），研究物理、化学、生物因素以及环境条件的改变而导致的碳稳定性变化，对于考虑土壤侵蚀对碳循环的长期影响非常必要。

### 7.1.2 侵蚀-搬运-沉积体系土壤碳循环过程

土壤侵蚀对土壤碳循环的影响取决于侵蚀的位置，即侵蚀区、传输路径和沉积区（Kirkels et al.，2014）。土壤侵蚀带走侵蚀区富含有机碳的表土，一部分在传输路径中分解损失，另一部分伴随着土壤侵蚀再次分配，并在低洼处沉积埋藏或进入水体。此外土壤侵蚀改变了侵蚀区和沉积区土壤的性质，侵蚀区土壤细颗粒减少、团聚体遭到破坏、有机碳稳定性降低更易矿化损失；沉积区土壤细颗粒增多，泥沙的沉积作用将不同组分的有机碳埋藏于深层土壤，减少其矿化损失。土壤侵蚀碳源汇关系的不确定性直接影响着侵蚀环境碳循环的模拟和对碳汇的准确评估，是生态系统碳循环研究的制约环节和前沿领域（史志华等，2020；Berhe et al.，2018；Doetterl et al.，2016；de Nijs et al.，2020；Yao et al.，2022）。

#### 7.1.2.1 侵蚀区

在侵蚀区，同时发生两个相反的过程：一个是土壤有机碳损失及老碳的分解加速；另一个是新碳的输入与稳定（Berhe et al.，2007；Lal et al.，2008）。

因为侵蚀移除富含有机质的表土并加速土壤有机碳矿化速率（Lal，2003），侵蚀区土壤碳的损失，主要有以下四方面原因：①土壤有机碳富集在土壤表层且密度较轻，直接受到土壤侵蚀的影响；②侵蚀会引起土壤团聚体的崩解和破坏，团聚体的分解释放其中闭存的碳，使之更容易被微生物分解，并且团聚体分解后粉黏粒中的碳更容易被水力或者风力搬运；③侵蚀使下层土壤暴露于表面，在较好的水分、温度和氧气条件下土壤有机碳更易于矿化分解，并且更容易接触到新鲜的有机物质，产生激发效应促进老碳分解（Fontaine et al.，2007）；④侵蚀区土壤质量降低而导致植被生产力降低，因此输入到土壤的有机物质降低；同时下层土壤中的无机碳可能会和酸性物质反应而释放，无机碳损失风险增大。

虽然土壤侵蚀造成肥沃表土的流失，土壤质量下降，植物生产力降低，但是在侵蚀坡面流失碳的一部分总会通过新碳的输入而得到部分补偿（Berhe et al.，2007；Harden et al.，1999）。Harden 等（1999）首次提出了动态替换（dynamic replacement）的概念，描述了在侵蚀下土壤碳损失和替换（主要是新的植物光合作用产物归还土壤）的持续动态过程。侵蚀区土壤碳的动态替换除了植物碳的输入外，还包括 3 点（Doetterl et al.，2016）：①侵蚀使深层土壤暴露于表面，加速其化学风化，消耗大气 $CO_2$，如果存在碳酸盐会导致 $CO_2$ 的逸出；②下层土壤含碳量低于表层土壤，土壤矿物表面固碳位点没有饱和，通过形成有机矿质复合物使新输入的碳进入稳定状态；③侵蚀使高度风化的表层土壤移除，植物生长在风化程度较低的下层土壤，促进其风化释放养分，这有利于土壤有机碳固定。

如果侵蚀严重，植物生产力受到严重破坏，那么输入到土壤中的碳自然也会降低。有学者研究报道侵蚀区和未侵蚀的对照区土壤剖面有机碳含量及储量没有显著差异（Doetterl et al.，2012b；Rosenbloom et al.，2001），说明当侵蚀程度低的时候，在侵蚀移除富含有机碳的表土的同时也发生了碳固定。

### 7.1.2.2　传输路径

有机碳随侵蚀泥沙在传输路径中再分布，主要包括沉积在临近的土壤、进入水体或者矿化排放至大气。传输的距离长短和土粒的密度、质量，以及水流速度或风速有关。迁移搬运过程中由于团聚体破裂导致其内部的有机碳失去保护，易矿化分解释放到大气中。搬运迁移的有机碳主要是轻组有机碳或者是颗粒态有机碳，因为侵蚀过程是一个选择性搬运的过程，优先搬运轻的物质。这个部分的有机碳很容易被微生物矿化分解，并且受到土壤水分和温度的影响。但是由于团聚体体积较大，优先沉积，如果土壤团聚情况较好，那么有机碳并不会在泥沙中富集。因此沉积泥沙中的有机碳含量比侵蚀区土壤的低也是可能的（Nadeu et al.，2012）。Lal（2003）认为在迁移过程中约 20% 的碳由于矿化而损失。

### 7.1.2.3　沉积区

侵蚀的土壤只有 10%～30% 进入水体，大部分侵蚀的土壤都在坡下部位、沟谷谷底和冲积平原沉积（Stallard，1998）。在沉积区，30～200cm 土层土壤有机碳储量占 0～200cm 土层的 80％以上（Berhe et al.，2008；Doetterl et al.，2012a；Wiaux et al.，2014）。因此，如果只关注于表层土壤，会高估侵蚀导致的有机碳损失，因为忽略了侵蚀在沉积区域导致的土壤有机碳埋藏。但是关于深层土壤有机碳储量、稳定机制及影响因素的研究较少（Rumpel et al.，2011）。忽视深层土壤有机碳循环机制是评估全球土壤有机碳动态不确定性的因素之一。

沉积区土壤碳循环机制与侵蚀区不同。除了土壤有机碳随泥沙沉积而造成沉积区土壤碳库增加外，有一系列复杂且相互作用的过程影响沉积区土壤碳库。在十年到百年的时间尺度，侵蚀和沉积会导致碳的深埋。埋藏的碳的数量与埋藏速率、埋藏时间、搬运及沉积的碳的数量和质量及埋藏的环境条件有关：①在埋藏环境下，水分、温度和氧气水平低，且不与新鲜有机质直接接触，有机碳周转速率低，矿化分解慢，是巨大的碳库（Van Hemelryck et al.，2011；VandenBygaart et al.，2015；Wang et al.，2015a 和 2015b）。②如果泥沙的搬运、沉积和埋藏过程导致了易矿化碳的分解损失（Wang et al.，2014b；Wang et al.，2015b），则进入沉积区的碳虽然较少但是稳定性高，滞留时间很长。如果埋藏迅速，进入沉积区的土壤中含有大量不稳定碳（Gregorich et al.，1998），则刺激沉积区微生物的分解活动，可能加速碳的矿化。③在沉积区分散的粉黏粒的再团聚会固定土壤碳并降低其矿化风险（Gregorich et al.，1998）。④沉积会埋藏土壤富含无机碳的钙层，降低其与酸性物质作用而损失的风险（Lal，2003）。

需要注意的是，通过沉积埋藏而减缓有机碳矿化的作用会随着时间的推移而减弱，因为环境因素和沉积速率随时间变化（Van Oost 2012；Wang et al.，2015b）。例如，有机碳在团聚体里被保护起来或通过有机矿物质结合稳定，当团聚体稳定性降低或者当矿物风化改变时，土壤碳稳定性降低。因此，沉积区土壤剖面碳储量的变化有助于理解埋藏的碳的保存机制和周转速率（Chaopricha et al.，2014；Doetterl et al.，2015）。

### 7.1.3　淤地坝土壤碳循环研究的优势

以往研究关于侵蚀区和沉积区的选择大体分为三类：①是将坡面中上部定为侵蚀区，将坡脚定为沉积区（Chaplot et al.，2015；Doetterl et al.，2015；Wang et al.，2013）；②坡面中上部定为侵蚀区，临近的淤地坝定为沉积区（Wang et al.，2018b；Liu et al.，2019）；③在小区试验中，将坡面小区视为侵蚀区，将泥沙沉积槽视为沉积区（Du et al.，2020；Novara et al.，2016）。

在本章研究中，5 个地点均选择了一个典型小流域将坡面的中上部定为侵蚀区（并非坡顶平坦区域），将淤地坝定为沉积区。坡面中上部和淤地坝不仅符合侵蚀和沉积地形，并且坡面和淤地坝在黄土高原广泛分布。黄土高原千沟万壑、沟谷众多、地面破碎，并且坡面的坡度普遍很大，大于15°的坡面约占黄土分布面积的60%～70%（刘东升，1985）。为了控制严重的土壤侵蚀，中国政府自20世纪50年代开始建造淤地坝。根据黄河水利委员会发布的《黄河流域水土保持公报（2021年）》，黄土高原7省（自治区）现有淤地坝5.70万座。淤地坝作为黄土高原分布广泛、卓有成效的工程措施，不仅拦截了大量的泥沙，同时保存了数量巨大的有机碳（Lü et al.，2012）。据 Wang 等（2011）估计，黄土高原淤地坝拦截了 $2.1 \times 10^{10} \mathrm{m}^3$ 的泥沙，保存了 0.952Pg 碳。因此将淤地坝作为典型的沉积区在黄土高原具有一定代表性。

淤地坝由于其独特的优势，为研究碳储量、分配和转化过程提供了理想的平台（Yao et al.，2020）。由于淤地坝保存了运行期内历次侵蚀时间的沉积物质，因此测量淤地坝截流的沉积物可以为特定时期侵蚀产沙量和沉积物碳储量提供有用的信息（薛凯等，2015；赵恬茵等，2020）。根据斯托克斯定律，在每次侵蚀性降雨过程中，首先沉积粗颗粒，然后沉积细颗粒，从而在沉积物剖面中形成明显的分层。粗粒层和细粒层共同构成了一个完整的沉积旋回（张风宝等，2018）。通过淤地坝运行档案、降水记录、$^{137}\mathrm{Cs}$ 活性和每个沉积物层的粒度，淤地坝沉积物可以提供土壤侵蚀过程的高时间分辨率记录（杨明义等，2001；赵恬茵等，2020；Zeng et al.，2020a）。淤地坝沉积物提供的埋藏年份、降雨强度、土壤侵蚀强度和土地利用历史等信息将有助于阐明沉积环境碳循环过程。

### 7.1.4　土壤侵蚀与土壤碳循环耦合模型

在小流域尺度上，已研发出一系列水力侵蚀和土壤有机碳循环的耦合模型，包括 CENTURY、EDCM、SPEROS - C、CREEP、SOrCERO、（Geo）WEPP/CENTURY 等，以下简单介绍前三种模型。

CENTURY 模型是最早将侵蚀过程考虑在内的相对完善的有机质动态模型。CENTURY 模型中将土壤有机碳分为了活性、慢性和惰性有机碳库，并且已经用大量的田间实验数据来验证（方华军等，2006；Gregorich et al.，1998）。CENTURY 模型的 4.0 版本（CENTURY IV）只有一个土层，仅模拟表层 20cm 土壤碳和养分的动态变化。但是土壤侵蚀和沉积过程对有机碳的影响并不局限于表层。Harden 等（1999）改进了 CENTURY IV 模型，在这一个土层的基础上增加了两个土壤碳库，即亚土壤层和侵蚀土壤层，亚土壤层用于弥补侵蚀区土壤层，侵蚀土壤层则表示沉积区土壤层的增加。CENTURY 模型的 5.0 版本（CENTURY V）可以模拟多土层碳动态，将土壤剖面划分为 3 层，下边界为 2m 深，考虑了每个土层的质地、容重、萎蔫湿度、田间持水量和土壤有机质含量，可以同时模拟侵蚀和沉积的影响。

EDCM 模型 (Erosion - Deposition - Carbon - Model) 基于 CENTURY IV 开发 (Liu et al.，2003)。该模型支持多土层模拟，用来模拟侵蚀和沉积影响下的土壤厚度、有机碳侵蚀或沉积、土壤和植物的碳储量变化等，但是其参数随地理位置、植被类型和土壤质地等变化尚未有明确的研究 (崔利论等，2016)。虽然 EDCM 和 CENTURY IV 模型都支持多土层模拟，但是两者在模拟剖面土壤有机碳动态变化存在以下区别 (Liu et al.，2003)。CENTURY V 中仅在表层土壤考虑生物地球化学过程对碳动态的影响，土壤剖面有机碳的分布遵循指数方程递减，但是这个指数模型并不随时间改变，因此土壤有机碳的剖面分布也是不随时间改变的。但是在 EDCM 模型中，土壤有机碳的垂直分布可以同时根据根系生长情况、土壤侵蚀和沉积过程改变。并且在 CENTURY V 模型中假定土壤有机碳随土层深度加深而递减，这一点在沉积环境下可能不正确，因为沉积环境下深层土壤的有机碳含量可能高于表层土壤。

SPEROS - C 模型 (Van Oost et al.，2005) 是土壤碳循环模型 ICBM 模型 (Andrén et al.，1997) 以及土壤侵蚀模型 SPEROS (Van Oost et al.，2003) 的耦合模型。这个模型成功地在田间和小流域尺度模拟了侵蚀驱动的土壤碳通量 (Van Oost et al.，2005；Dlugoß et al.，2012)。为了把土壤水分的空间分布考虑在内，Dlugoß 等 (2012) 利用湿度指数来修正年际土壤有机碳循环，在德国西部的一个小流域碳循环的模拟中，这种方法提高了 SPEROS - C 模型的模拟精度。Nadeu 等 (2015a) 改进了 SPEROS - C 模型用于区域尺度，模拟比利时中部不同农业措施下土壤有机碳储量时验证结果良好。

Doetterl 等 (2016) 认为土壤侵蚀-有机碳循环耦合模型仍有许多缺点。碳循环模型 (例如 ICBM 和 CENTURY) 都是基于平坦的地形设计的，横向通量导致的土壤环境的变化在这些模型中没有考虑。土壤有机碳在侵蚀区域和沉积区域的分布特征和在不受到土壤有机碳再分布影响的平坦地形是不同的。伴随土壤颗粒的迁移和堆积，土壤有机碳再分布 (数量和质量改变) 和环境要素的改变影响土壤碳循环。侵蚀导致的土壤有机碳横向通量导致土壤有机碳储量和循环与平坦地形截然不同，这是需要被考虑在内的。了解侵蚀各个阶段土壤碳稳定及分解机制有助于完善土壤侵蚀-有机碳循环耦合模型。

## 7.2 淤地坝土壤有机碳矿化及对水热因子的响应

### 7.2.1 淤地坝土壤有机碳矿化

土壤有机碳矿化指土壤有机碳在微生物作用下分解释放 $CO_2$ 的过程 (黄昌

勇等，2010）。土壤有机碳矿化主要与微生物可利用的碳源有关，用来评价土壤有机碳的稳定性，较低水平的碳矿化速率代表有机碳的稳定性较高（Vanden-Bygaart et al.，2015）。因此研究土壤有机碳矿化对陆地生态系统碳循环非常重要。

本章选择了黄土高原由北至南神木、绥德、安塞、固原和长武5个典型小流域（表2-1，图2-1），研究了典型的沉积区淤地坝和典型的侵蚀区坡面0～200cm剖面土壤的有机碳累积矿化量及对水分和温度变化的响应。用室内培养方法测定土壤有机碳矿化。在培养瓶中加入10g土样（过8mm筛孔），将含水量调节至60％的田间持水量，预培养5天去除土壤再湿润对碳矿化的影响。然后在25℃黑暗条件下培养，用$CO_2/H_2O$气体分析仪在培养的第3天、第7天、第14天、第21天和第28天测定培养瓶中$CO_2$浓度计算土壤有机碳的矿化。将28天内累积释放的$CO_2$量与土壤有机碳含量（SOC）的比值记做土壤有机碳累积矿化量（Cmin）。

研究区Cmin的均值为12.38mg $CO_2$/g SOC，即经过在60％田间持水量和25℃下培养28天，有1.24％的有机碳以$CO_2$的形式逸出。Zhao等（2019）报道在相同的水分和温度下培养85天，中国气候带森林土壤Cmin均值为14.1～37.9mg $CO_2$/g SOC，与本章研究结果相似。土壤有机碳矿化量Cmin从大到小依次为神木、绥德、安塞、长武和固原（图7-1）。随土层深度增大，Cmin逐渐增大，例如60～200cm土层（均值为13.81mg $CO_2$/g SOC）显著大于0～20cm土层（均值为10.24mg $CO_2$/g SOC）。以上结果说明，土壤质地越粗的地方、深层土壤有机碳矿化量越大，越容易被微生物分解。

Salomé等（2010）在法国Versailles的研究表明，随土层深度的增大，深层土壤有机质的分解性保持不变或逐渐增大。该研究通过微生物群体生理特征分析发现，深层土壤微生物群落能优先利用小分子物质，例如氨基酸和有机酸，而这类物质主要存在于根系分泌物中。在第五章研究中发现，深层土壤和表层土壤DOM的$S_R$值随土层深度的增大而增大（图5-2），HIX随土层深度的增大而减小（图5-3），表明深层土壤DOM主要是小分子易于降解的物质。部分学者认为团聚体对有机碳的物理保护作用是限制土壤有机质矿化的主要原因（Rumpel et al.，2011；Salomé et al.，2010；Wang et al.，2014a）。也有学者认为深层土壤氧气扩散率低是限制了土壤碳分解的主要因素（Nadeu et al.，2012）。本章研究结果表明，在同样的通气条件下，深层土壤相比表层土壤更容易矿化分解。

对于黄土高原从南到北的5个小流域，淤地坝土壤有机碳矿化量Cmin（9.97mg $CO_2$/g SOC）显著小于坡面（14.79mg $CO_2$/g SOC），说明淤地坝土壤有机碳相比坡面更不容易分解。土壤侵蚀和沉积对Cmin的影响与地点有关（图7-1）。神木、安塞和固原坡面土壤 Cmin 大于淤地坝土壤（$P<0.05$），坡面和淤地坝的比值分别为 2.29，1.61 和 1.60，说明神木、安塞和固原淤地坝土壤有机碳相比坡面更不容易被矿化分解，并且在土壤质地越粗的地方差异越大。但是，本章研究发现，对于气候条件比较好的绥德和长武淤地坝表层土壤 Cmin 大于坡面。

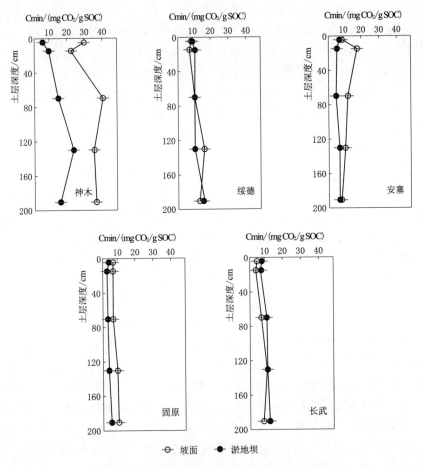

图7-1 淤地坝和坡面土壤有机碳矿化剖面分布

根据第6章的研究，神木、安塞和固原淤地坝土壤有机碳含量大于坡面，淤地坝相比坡面积累的有机碳主要是由微团聚体和粉黏粒有机碳贡献（图6-2），说明这三个地方沉积区有机碳含量高，积累的有机碳主要存在于较难分解的微团聚体和粉黏粒中。这些结果表明神木、安塞和固原沉积区土壤有机碳矿化量低于侵蚀区，有机碳较难分解有利于其积累。沉积区土壤更少的不稳定碳组分、更多的微团聚体和粉黏粒结合态有机碳导致有机碳更不易被微生物分解。

目前，学者们对于沉积环境土壤有机碳矿化特征持不同观点。大多数学者认为，沉积环境由于水分含量较高导致氧气含量较低，沉积埋藏隔绝了活跃的生物圈，抑制了有机碳矿化分解（Berhe et al.，2012；Chaopricha et al.，2014；VandenBygaart et al.，2015；Doetterl et al.，2016）。例如，Zhang等（2016）利用动态气室法研究发现，由于淤地坝过高的土壤含水量和压实作用限制了氧气扩散，淤地坝有机碳矿化速率是坡面的1/3。Wang等（2013）在比利时黄土区的研究以及VandenBygaart等（2015）在加拿大的研究，同样发现沉积区土壤有机碳生物可降解性小于侵蚀区。也有学者认为，由于沉积区域有机碳的富集，增强了土壤酶活性从而促进了有机碳的矿化分解（肖海兵等，2016）。本章研究对于黄土高原从北到南5个小流域的结果表明，总体而言淤地坝土壤有机碳比坡面更难矿化分解。

### 7.2.2 淤地坝土壤有机碳矿化对水热因子的响应

在60%田间持水量的水分条件下，用25℃与15℃下培养28天的$CO_2$释放量的比值记为$Q_{10}$-C，表示了土壤有机碳矿化的温度敏感性。研究区土壤$Q_{10}$-C均值为1.41（0.46～3.91），升温促进了土壤有机碳的矿化（图7-2）。Wei等（2016）报道黄土高原农地土壤有机碳矿化的$Q_{10}$为1.23～2.64。$Q_{10}$-C在神木、绥德和安塞大于固原和长武，即在地理位置越偏北、年均温越低的地点，土壤有机碳矿化的温度敏感性越大。不同土层深度有机碳矿化的温度敏感性相似。地形对土壤有机碳矿化的温度敏感性受到地点的影响。对于神木和固原，坡面土壤$Q_{10}$-C（分别为1.99和1.41）大于淤地坝（分别为1.48和1.05），且淤地坝和坡面土壤有机碳矿化温度敏感性的差异主要集中在深层土壤；对于绥德、安塞和长武，土壤有机碳矿化的温度敏感性在淤地坝和坡面差异不显著。

用25℃和60%田间持水量和与25℃和20%田间持水量下培养28天的$CO_2$释放量的比值记为$Ef_1$-C，用25℃和100%田间持水量与25℃和60%田间持水量下培养28天的$CO_2$释放量的比值记为$Ef_2$-C，表示土壤有机碳矿化的水分敏感性。土壤水分在60%田间持水量时的Cmin是20%田间持水量的1.40倍，土壤水分在100%田间持水量时Cmin是60%田间持水量的1.17倍，说明在偏干旱的条件下土壤有机碳矿化对水分更敏感（图7-2）。$Ef_1$-C和$Ef_2$-C均在表层土壤大于深层土壤，说明有机碳矿化的水分敏感性在表层土壤更大。综合所有数据，地形对$Ef_1$-C和$Ef_2$-C均无显著影响。但是地形对$Ef_1$-C的影响与地点有关，对于土壤质地最粗的地点神木，$Ef_1$-C在淤地坝大于坡面（$P<0.1$）。

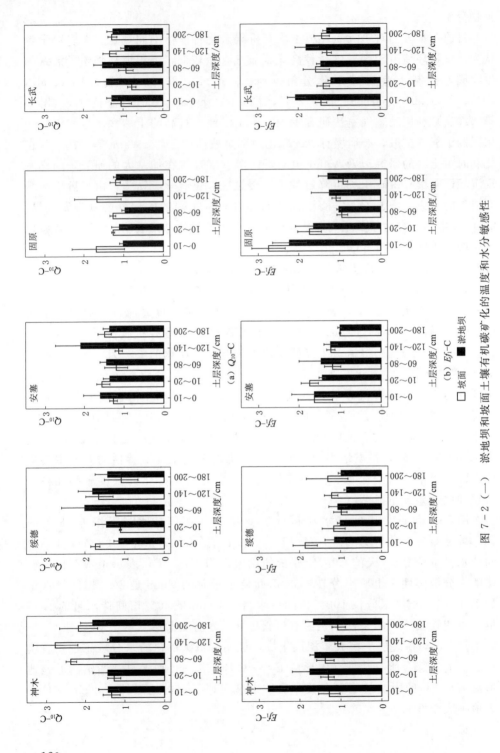

图7-2（一）　淤地坝和坡面土壤有机碳矿化的温度和水分敏感性

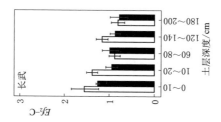

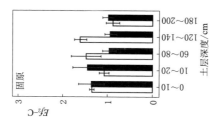

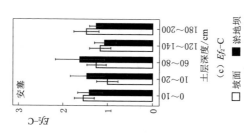

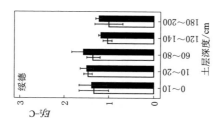

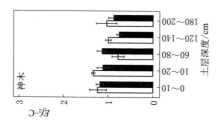

图 7-2（二）　淤地坝和坡面土壤有机碳矿化的温度和水分敏感性

## 7.3　淤地坝土壤有机碳矿化的影响因素

碳以 $CO_2$ 的形式从土壤向大气方向流动是土壤呼吸作用的结果。土壤呼吸作用，严格意义上讲是指未受扰动的土壤中产生 $CO_2$ 的所有代谢作用，包括异氧呼吸和植物根系的自养呼吸。土壤呼吸作用释放的 $CO_2$ 中 30%～50% 来自根系活动，其余部分主要来源于土壤微生物对有机质和凋落物的分解作用，即异氧呼吸作用（黄昌勇等，2010）。土壤有机碳矿化指土壤有机碳在微生物作用下分解释放 $CO_2$ 的过程，土壤有机碳矿化是土壤呼吸的分支过程（吴建国等，2004）。

影响土壤有机碳矿化的因素主要有以下几点（Doettel et al.，2016；Six et al.，2002）。

（1）有机质的化学组成是决定其可分解性的主要因素。特定的含碳物质，例如被火烧过的含碳物质、木质素、脂质，因为其分子体积大、结构复杂难以分解，能在土壤中保持稳定百年甚至千年。但是近期的研究表明，土壤有机碳的化学组成只能在短期（<10 年）调节其分解速率，在更长的时间尺度环境因素更重要（Schmidt et al.，2011）。由于在运移过程中易分解的碳矿化损失，淤地坝沉积物中累积的碳相对更难降解。使用 $^{14}C$ 定年技术，Zeng 等（2020a）报告了沉积剖面的平均年龄为 5490 年，显著高于生物圈有机碳，其年龄仅为 40 年。然而，很少有研究报道淤地坝沉积物碳的化学结构。

（2）物理保护作用。其主要指土壤有机碳在团聚体闭存而减缓分解。团聚体通过物理屏障隔绝了微生物底物。团聚体外部微生物丰富度最高，但是大量的有机质存在于团聚体的中心位置。同时，团聚体降低了氧气的扩散，特别是到微团聚体的扩散。也有研究表明，大团聚体（>0.25mm）的物理保护作用较弱，土壤有机质主要被保护在微团聚体（0.053～0.25mm）以及大团聚体中的微团聚体里（Six et al.，2000）。土壤有机质和黏粒是形成团聚体的重要结合剂（Bronick et al.，2005）。随着土壤有机质和黏粒在地势低洼地区的积累，发生了土壤颗粒再团聚。据报道，沉积区的团聚体稳定性高于侵蚀区或平坦地区（Wagner et al.，2007；Wang et al.，2014a）。Wang 等（2018b）报告，淤地坝沉积物中的土壤团聚体稳定性和大团聚体比例高于侵蚀坡面土壤，由于两个时期的土地利用模式不同，1985—1999 年淤地坝沉积物中土壤团聚体稳定性指数高于 2000—2014 年淤地坝沉积物。Martínez-Mena 等（2019）报告了沉积区有机碳稳定的主要物理和化学机制，沉积区的有机碳聚集主要与大团聚体和大团聚体中闭蓄的微团聚体有关。但是，正如第 3 章所报道的，沉积区土壤有机碳和黏粒的富集并不总是存在，因此沉积区土壤颗粒再团聚并不总是发生（Boix - Fayos et al. , 2015）。

（3）化学稳定作用。有机碳在土壤细颗粒表面吸附是使有机碳稳定的重要机制（Kleber et al. , 2015），而土壤质地和土壤矿物组成是影响土壤矿物表面吸附作用有效性的主要因素。层状硅酸盐黏土矿物类型决定了土壤有机碳与矿物的结合程度，例如2：1型膨胀性矿物和1：1型非膨胀性矿物，并且黏土矿物的粒级决定了比表面积。此外，在中度和高度风化的土壤，铁、锰和铝氧化物及其水合物通过配位共沉淀作用和吸附过程使土壤有机碳稳定（Kleber et al. , 2015）。黏粒在淤地坝中富集或贫化会影响碳的化学稳定效果。在中国南部冲沟坍塌的研究中，淤地坝沉积物中的游离氧化铁明显低于坡面土壤（Zhang et al. , 2020），这可能导致活性矿物对土壤有机碳的化学保护作用降低。目前还没有关于淤地坝土壤矿物学的研究报告。

（4）生物因素。土壤生物特性在土壤有机质的转化和分解中起着至关重要的作用。微生物群落的组成、丰度和多样性受到沉积过程的影响（Du et al. , 2020）。此外，有机碳的深埋排除了其与新鲜有机物质的接触，从而排除了激发效应。Xiao 等（2018b）的综述研究指出在埋藏有机碳分解的动力学特征及其与微生物特性的相互作用方面研究较少。迄今为止，有两项研究报告了淤地坝的土壤微生物特性。Xiao 等（2018a）发现，淤地坝中营养耗尽沉积物的积累导致自养细菌的丰度和多样性降低，但这种微生物活性的降低并不一定会导致碳固定降低。González - Romero 等（2018）报告，沉积物中较高的电导率增加了微生物群落的压力，这导致土壤酶活性下降。由于微生物活动依赖于多种土壤和环境因素，目前的研究结果不足以确定淤地坝沉积物中碳稳定的生物学机制。

（5）环境因素。水分、温度和通气性等影响微生物活性从而影响土壤有机碳的稳定性。土壤有机碳矿化的温度敏感性通常用 $Q_{10}$ 表示，是指温度变化10℃土壤有机碳分解速率的变化倍数。深层土壤水分、温度和通气条件弱于表层土壤，微生物活性较低，因此当土壤有机碳在沉积区被埋藏时，分解速率也会降低。在比利时黄土带，Wang 等（2013）发现，氧气水平对表层土壤中的微生物碳矿化至关重要，但在深层沉积物中却不是如此。在一些淤地坝排水条件较差，尤其是在雨季，厌氧的条件有利于土壤有机碳的稳定。在淤地坝的埋藏沉积物中可能含有尚未分解的有机碳（Dungait et al. , 2012）。在全球变暖的背景下，土壤有机碳如何响应不断变化的环境因素需要进一步研究。

淤地坝沉积泥沙深至数米至数十米，对于不同深度泥沙有机碳矿化的主要限制因素，既往研究结果分歧较大。Salomé 等（2010）提出团聚体对有机碳的物理保护作用是限制深层土壤有机碳矿化的主要因子，但是对表层土壤没有影响。Berhe 等（2012）认为沉积区的厌氧环境抑制了碳矿化。Wang 等（2013）通过培养实验发现，增加氧气浓度并没有促进深层土壤有机碳矿化，沉积区深层土壤缺少活性碳组分限制了有机碳的矿化分解。VandenBygaart等（2015）发现沉积区深层土壤活性有机碳组分大于表层土壤，其较低的碳矿化速率是由于团聚体的物理保护作用。Xiao等（2018a）提出沉积区土壤微生物表现出功能冗余，对有机碳的矿化和固定影响很小。朱世硕等（2020）认为在低碳水平下沉积区微生物活性相比侵蚀区增大，在高碳水平下和侵蚀区没有差异。可以看出，沉积环境有机碳矿化过程和控制因素是土壤侵蚀碳循环研究的热点和难点。

## 7.4　淤地坝土壤碳循环研究展望

### 7.4.1　淤地坝深剖面的土壤碳稳定性

全球范围内，超过一半的土壤有机碳储存在30cm以下土层（Lal，2018）。就沉积区而言，许多研究表明，超过80%的有机碳储存在30～200cm的层中（Berhe et al.，2008；Wiaux et al.，2014）。迄今为止，很少有对淤地坝深层沉积物中埋藏碳的矿化和稳定性进行的研究。

与非侵蚀地形土壤形成过程不同，淤地坝中的土壤是每次侵蚀事件下侵蚀物质的连续累积体。当作为时间线来看时，不同深度的沉积物对应于具有特定侵蚀和沉积特征不同的土壤侵蚀事件。土壤侵蚀类型、侵蚀区来源土壤的土地利用、埋藏时间和埋藏速率等因素将影响淤地坝沉积物土壤碳的稳定性。例如，淤地坝沉积物土壤碳的不稳定部分将随着埋藏时间的增加而逐渐减少。快速沉积会立即将碳与大气条件分离，但缓慢沉积会因频繁的干湿交替而损失土壤碳。土壤碳稳定性、侵蚀和沉积信息的整合将有助于揭示埋藏沉积物碳稳定性的潜在机制（Doetterl et al.，2015，2016；Xiao et al.，2018b）。

### 7.4.2　人类干扰和气候变化下淤地坝的土壤碳稳定性

淤地坝可以截留侵蚀的物质，淤积的土壤有丰富的养分和水分。图7-3显示了人类活动和气候变化对淤地坝土壤碳库和矿化的可能影响。先前对非侵蚀区域的研究表明，耕作活动将通过破坏土壤团聚体、增加土壤通气性及混合表

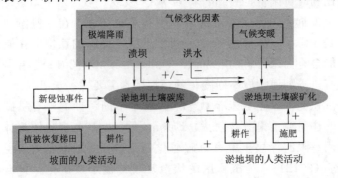

图7-3　气候变化和人类活动对淤地坝土壤碳库和碳矿化影响的概念图

层不稳定有机质和深层稳定有机质来促进碳矿化（Fontaine et al.，2007）。施肥通过有机物质的直接输入（如粪肥）或提高初级生产力的间接输入增加土壤有机碳储量。化肥的施用以及可溶性有机碳和无机氮的淋溶将加速表层和深层土壤中碳的分解。退耕还林（草）、修建梯田和耕作等人类活动过程会影响土壤侵蚀强度，从而影响被侵蚀物质的碳含量。在全球变暖的背景下，未来降水模式呈现出极端降雨和干旱加剧。在极端降雨条件下，溃坝和洪水可能发生。同时，极端降雨可能进一步引发土壤侵蚀。在沉积区，淤地坝中的原始表土将在新的侵蚀事件下被掩埋。

　　黄土高原地区的淤地坝主要在 20 世纪 60—70 年代修建，多数已超过淤积年限，失去拦沙滞洪能力（刘晓燕等，2017）。2000 年以来，主要产沙区汛期雨量偏丰且极端降雨增加，极端降雨下淤满的"病险坝"极易发生损毁（刘宝元等，2020；陈祖煜等，2020）。例如，2013 年 7 月连续暴雨下延河流域淤地坝溃坝比例为 22%（魏艳红等，2015）。2017 年"7·26"特大暴雨导致岔巴沟流域 178 座淤地坝中 52 座发生溃坝，平均开口宽 9.2m 深 5.8m（刘宝元等，2020）。发生溃坝后，不是整个淤地坝垮塌发生泥沙"零存整取"，而是坝体被洪水冲开一道溃口，洪水通过溯源侵蚀淤地坝泥沙，出库泥沙混合扰动后或沿途沉积或流入水体（胡春宏等，2020）。研究溃坝扰动对泥沙有机碳的影响，需要考虑溃口泥沙出露、出库泥沙混合扰动出露及淹水的溃坝扰动情景（图 7-4）。

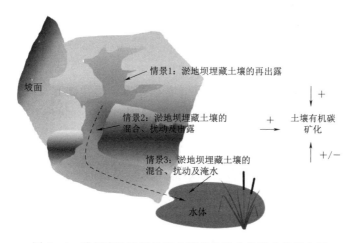

图 7-4　溃坝事故对淤地坝土壤有机碳矿化影响的概念图

　　对于溃口泥沙出露情景，深埋的泥沙重新出露，边壁土壤蒸发增大（郑纪勇等，2006）；水分含量降低导致氧气水平增高，能促进有机碳的矿化，但是水分过低会抑制有机碳矿化；泥沙出露后更易与新鲜有机质接触，产生激发效应加速老碳的分解（Kuzyakov et al.，2015）；出露后环境条件的改变也会影响微生物的群落组成。对于出库泥沙混合扰动后出露及淹水情景，在水流扰动作用下团聚体破碎，团聚体的物理保护作用削弱；表层活性较高的与深层活性较低的有机碳混合改变了碳的组分和结构，影响了有机碳的生物可降解性；出库泥沙淹水可能导致有机碳的厌氧分解，产生甲烷等温室气体。由此可见，溃坝扰动下的物理混合破碎和矿化环境的改变必然使沉积泥沙有机碳矿化特征发生变化，但是，沉积泥沙的出露和扰动对有机碳矿化过程的影响效应和内在机制尚不明确，迫切需要深入研究。

## 7.5 小结

土壤侵蚀是人类面临的最为严重的环境问题之一，是陆地表层水土过程的主要营力。土壤侵蚀与碳源汇关系间存在极大的不确定性，可导致每年 1Pg 的源或者相当数量的汇，限制了生态系统碳汇的准确评估和科学管理。沉积是土壤侵蚀的关键过程之一，泥沙的沉积作用将不同形态的有机碳埋藏于深层土壤，导致其通气性能变差、矿化分解降低，从而增强了沉积泥沙的碳汇功能。淤地坝拦截上游侵蚀的泥沙，是典型的沉积区域。淤地坝沉积物土壤碳循环过程是解决土壤侵蚀碳源汇作用这一前沿科学问题的关键环节。

土壤有机碳矿化是土壤碳循环过程的主要组成部分。本章研究了黄土高原由北至南神木、绥德、安塞、固原和长武的 5 个地点小流域淤地坝和坡面 $0\sim200cm$ 土壤碳矿化特征及其温度和水分敏感性。研究结果发现，总体而言，淤地坝土壤有机碳累积矿化量（$9.97mg\ CO_2/g\ SOC$）小于坡面土壤（$14.79mg\ CO_2/g\ SOC$），说明淤地坝土壤有机碳相比坡面更不容易分解，并且这一差异性在土壤质地最粗的神木最大。淤地坝土壤有机碳矿化受到有机质的化学组成、团聚体物理保护作用、土壤颗粒的化学稳定作用、沉积环境生物因素和水、温度、氧气等环境条件有关。

黄土高原淤地坝数量众多，但由于修建年代久远且缺少泄洪设施，极端降雨下易发生病险淤地坝溃坝事件。溃坝后，沉积泥沙的再次出露或在水流作用下的混合扰动必然会影响泥沙有机碳的稳定性。可以进一步研究气候变化和溃坝扰动作用下淤地坝沉积物中土壤碳循环过程。

# 第 8 章

# 黄土高原淤地坝土壤氮循环

氮的有效性是多数生态系统初级生产力的关键限制因素。土壤有机氮占土壤全氮的95%以上，必须经微生物的矿化作用，才能转化为无机氮（铵态氮和硝态氮）。矿化作用生成的铵态氮、硝态氮和某些简单的氨基糖，通过微生物和植物的吸收同化，成为生物有机体的组成部分，称为土壤无机氮的生物固持（黄昌勇等，2010）。土壤氮的净矿化是土壤有机氮的矿化和无机氮的生物固持两个相反作用的总和。土壤氮的有效性主要取决于土壤净氮矿化，因为土壤有机态氮基本不能被植物吸收利用，必须通过土壤微生物的矿化作用才能转化为可以被植物吸收利用的无机态氮。土壤氮矿化和土壤碳矿化密切相关。土壤净氮矿化对温度的响应同样遵循CQT假说，即底物越难分解，其温度敏感性越大。在受到氮限制的生态系统，土壤氮的有效性是控制土壤碳对气候变化响应的主要因素。

土壤侵蚀使富含氮的表土迁移，使之沉积在坡下部分或者迁移出小流域，改变土壤氮的空间格局（Berhe et al.，2017）。侵蚀对土壤剖面的氮稳定性也有重要影响。一方面在侵蚀驱动下土粒的分离和搬运过程中氮的矿化增加，因为径流运输主要是可溶性氮和颗粒态氮（Quinton et al.，2010）。另一方面，当氮被埋藏在土层深层时，团聚体的物理保护作用和土壤矿物的化学稳定作用使氮的稳定性增加（Berhe et al.，2017；Quinton et al.，2010）。Berhe 等（2017）发现，侵蚀区土壤氮的滞留时间是 189—1198 年，而沉积区的氮的滞留时间是2016—3795 年，说明沉积区土壤氮更稳定。

本章概述了土壤氮形态转化过程、土壤氮矿化的影响因素、侵蚀-搬运-沉积体系土壤氮循环过程和土壤侵蚀与氮循环耦合模型，研究了2017—2018 年黄土高原由北至南神木、绥德、安塞、固原和长武 5 个地点小流域淤地坝和坡面0～20cm 土壤氮矿化特征及对季节、植被和水热因子的响应。

## 8.1　侵蚀-搬运-沉积体系土壤氮循环

### 8.1.1　土壤氮形态转化过程

土壤中氮转化过程一般有：生物化学过程即氨化作用、硝化作用、反硝化作用和同化作用，化学过程一般是铵离子的矿物固定（Stevenson et al.，1999）。

有机氮矿化产物为铵态氮和硝态氮（少量亚硝态氮，但迅速被氧化），两者均溶于水。其中，铵态氮呈阳离子形态，能被带负电荷的土壤胶体吸附，不易流失。硝态氮呈阴离子形态，不能被土壤吸附，因而易淋溶随水体流失，也是造成水体污染的主要氮形态。此外，氮矿化速率决定了土壤中用于植物生长的氮有效性。

反硝化作用是硝酸盐在反硝化微生物作用下还原为氮气、氧化亚氮或一氧化氮，此过程需要较严格的土壤嫌气环境，也可以发生在排水良好的厌氧微环境中，如充满水的小孔隙中、根系和分解的残体附近（Stevenson et al.，1999）。Saikawa 等（2014）发现土壤是氧化亚氮释放到大气中的最大贡献者，是温室气体的重要组成部分，自然土壤每年释放 $6.0 \times 10^{12}$ g 的氧化亚氮，农业土壤每年释放 $4.2 \times 10^{12}$ g 的氧化亚氮。反硝化损失的土壤氮取决于土壤中硝酸盐含量、易分解有机质含量、土壤通气、水分状况、温度和酸碱度等（黄昌勇等，2010）。当土壤含水量低于 2/3 田间持水量时，反硝化损失可以忽略，高于这个值时，损失量直接与水分条件有关（Stevenson et al.，1999）。

土壤氮同化作用指无机氮被微生物同化吸收进入有机氮库的过程，是评价土壤保氮能力的重要指标。同化作用一般伴随着矿化作用进行，无机氮水平在较短时间内保持稳定时并不意味着土壤内部氮循环没有发生，而是矿化速率和固定速率相等。

铵离子的矿物固定一般发生在 2 : 1 型黏土矿物，层间阳离子（一般指钾离子）被铵根离子取代后，引起铵的固定，从而失去有效性，不能被植物吸收利用。Stevenson 等（1999）研究发现黏土和黏壤土比粉壤土包含更多的固定态铵，且认为表土比底土有更低的固定态铵，主要是由于钾离子的阻塞效应和有机质干扰。

### 8.1.2　土壤氮矿化的影响因素

土壤氮循环是一个复杂的过程，主要表现在：①来源多样，包括施肥、灌溉、大气沉降、生物固定和动植物残体等；②转化过程复杂，包括矿化、吸附、固定和腐殖化等；③去向多样，包括氨化、反硝化淋洗、渗漏至水体和排放至大气等；④环境危害大，例如温室效应和水体富营养化。其中有机氮转化为无机氮的矿化过程是氮循环的关键过程。

土壤氮素矿化研究方法主要归纳为室内培养法（好气培养法和淹水培养法）、田间原位培养法（聚乙烯袋法、PVC顶盖埋管法和离子交换树脂袋法），以及同位素稀释法。土壤氮矿化受到多种因素影响，可将其归纳为生物因素和非生物因素。

### 8.1.2.1　生物因素

#### 1. 植物

植被类型、群落组成和演替阶段不同，植物对氮吸收偏好不同，土壤无机氮库和氮矿化速率也不同。豆科植物（如刺槐和豆科柠条）由于固氮作用，土壤无机氮含量和氮矿化速率通常比非豆科植物土壤高，且豆科植物土壤无机氮库由硝态氮主导，非豆科植物土壤由铵态氮主导（Li et al.，2001）。Yao等（2019b）在神木六道沟小流域的研究发现，种植豆科植物柠条增大了土壤净氮矿化，但是种植非豆科植物沙蒿和沙柳对净氮矿化没有显著影响，也说明了豆科植物对土壤养分的重要作用。植被在不同的生长阶段，对土壤氮需求量不同，影响土壤氮矿化。作物播种期到开花期，植物生长缓慢，对氮需求较低，土壤无机氮积累；初花期到盛花期，植物生长旺盛，需氮量高，植物吸收作用大于矿化作用，土壤无机氮含量降低；而盛花期到成熟期，植物吸氮量和氮矿化量达到平衡（田昆等，2003）。

植物也可以通过凋落物的质量、数量、根系生物量的输入及特殊的根际环境影响土壤氮矿化。群落类型不同，凋落物的质量和数量均不同，对土壤氮矿化产生强烈影响。如Smaill等（2009）研究发现，在新西兰种植园土壤，有机残体移除降低土壤净氮矿化。此外，土壤净氮矿化速率差异及对植被的响应与根系特征有关，矿化速率随着根系生物量的增加而降低，随着根系氮浓度的增加而增加（Wei et al.，2017）。Zhu等（2014）研究土壤氮矿化对根际激发效应的响应发现，活根的输入刺激土壤氮矿化，对土壤氮矿化产生正的根际激发效应。

#### 2. 土壤动物

土壤动物（如线虫和蚯蚓）可以通过活动和捕食来影响土壤氮矿化。对于各种自然生态系统，如草原和森林，以及农业生态系统，可能存在相似的结果，即土壤动物对总净氮矿化的贡献约占30%（Griffiths，1994）。原生动物和线虫对微生物的捕食显著增加了土壤氮矿化，这归因于捕食使微生物种群处于代谢活跃状态。蚯蚓能通过促进土壤团聚体的形成来改变细菌群落，而降低土壤pH，捕食和生物扰动来影响土壤真菌，改变土壤微生物群落结构，进而影响土壤氮矿化（Gong et al.，2018）。此外，某些细菌群落（如反硝化微生物）能通过蚯蚓粪便进行繁殖，影响土壤氮矿化。研究表明，蚯蚓在固氮细菌的作用下，通过连续挖洞增加土壤氮矿化（Crumsey et al.，2014）。

3. 土壤微生物

大多数微生物依靠生物可利用形式的氮（如铵态氮和硝态氮）来生长，而这些限制性营养的获得是通过微生物参与来改变氮的氧化状态实现的。因此，微生物在氮循环过程中占据不可忽视的作用。豆科植物与固氮微生物形成共生关系，大大增加了环境氮输入，如固氮微生物（慢生根瘤菌）通常生活在特殊的根瘤中，向豆科植物提供铵盐，而输入到周围土壤的铵盐可以促进其他微生物的氮转化过程，如硝化作用。此外，在大多数环境中，硝化作用是由不同的氨氧化微生物和亚硝酸盐氧化微生物组合而成，分别竞争铵盐和亚硝酸盐。总之，微生物构成的氮循环网络十分复杂，仍然有新的氮转化途径有待被发现。土壤微生物的数量、种类和结构与氮矿化密切相关。Li 等（2018）通过整合分析发现，土壤净氮矿化速率随着土壤微生物生物量的增加而显著增加，净氮矿化速率的变化在全球和生物群落尺度上主要归因于土壤微生物生物量，且森林和草地土壤微生物生物量对净氮矿化的控制大于农田生态系统。其中微生物生物量的作用主要是：①大部分可矿化氮（55%～89%）来自微生物生物量氮，微生物生物量通常有更高的周转速率，为氮矿化提供了大量的底物；②土壤氮矿化由一系列的酶（如蛋白酶和脲酶）催化完成，其与微生物生物量显著正相关；③较高的微生物生物量可能有利于微生物的活化和生长，刺激净氮矿化。

## 8.1.2.2　非生物因素

1. 环境因子

环境因子主要包括土壤理化性质和气候因子，即土壤有机质含量及质量、土壤质地、土层深度、土壤类型、土壤 pH、地形因子、土壤水分、土壤温度等。

土壤有机质不仅包含有机碳，还包含大量的有机氮、有机磷和有机硫，其在改善土壤物理、化学和生物特性方面起着重要作用，显著影响土壤氮循环。总氮矿化和净氮矿化与土壤有机碳和全氮呈正相关。Accoe 等（2004）调查砂质壤土不同演替阶段草地土壤有机质和氮动态发现，全氮含量变异可以解释总氮矿化变异的93%，且小于$50\mu m$组分的全氮含量和碳氮比共同解释了净氮矿化速率变异的84%；同时该研究也表明，草地土壤中微生物氮需求随着有机质含量的增加而增加，说明通过微生物固氮的土壤潜在氮保留机制受到碳有效性的限制，即碳有效性和有机质的碳氮比影响氮固定及其与矿化之间的平衡（即净氮矿化）。

土壤质地影响土壤颗粒团聚、土壤结构和养分循环。一方面质地较细的土壤比质地较粗的土壤中含有更多的有机质，因此氮矿化速率较高（Yao et al.，2019a）；另一方面，由于黏粒与有机质结合而对有机质提供保护，抑制土壤氮矿化（McLauchlan，2006）。黏粒对有机质的保护作用主要有两种机制：①黏土颗粒促进团聚保护有机质不受微生物分解；②形成具有化学稳定性的矿质结合态有机质。此外，土壤结构通过影响微生物的周转影响土壤氮循环，如原生动物和线虫对微生物的捕食。土壤中的大部分细菌占据小于 $3\mu m$ 的孔隙，而原生动物和线虫则被限制在更大的孔隙，使细菌受到物理保护而免受捕食。Yao 等（2019a）在神木的研究表明，壤质砂土土壤净氮矿化速率坡下大于坡上，而砂质壤土净氮矿化速率在坡上大于坡下，也就是说地形与土壤质地对氮矿化的影响存在交互作用。土壤团聚体的形成对有机质起到物理保护作用，使有机质不易被微生物分解，可矿化的有机氮减小。

土壤温度、水分作为影响氮矿化的主导因子在实验室和野外均已经被广泛研究。土壤氮矿化速率随年均温度和年均降水量的增加而增加。Guntiñas 等（2012）的室内控制实验表明，在 $10\sim35℃$ 内，土壤氮矿化速率随温度升高而升高，其温度敏感性在 $25℃$ 最高；土壤氮矿化的最优含水量为 $80\%\sim100\%$ 的田间持水量。土壤温度和水分通常交互影响土壤氮矿化。如朱剑兴等（2013）研究发现，包含温度和水分的双因素模型可以很好地拟合土壤氮矿化速率的变化趋势。Fu 等（2019）研究中国北方高纬度农业生态系统土壤氮矿化对升温的响应，发现土壤氮循环和有效性对未来全球变暖的敏感性较低。土壤 pH 能通过改变微生物群落组成间接影响土壤氮矿化，或者通过改变土壤新陈代谢和酶活性直接影响氮矿化。

2. 人类活动

人类活动可通过免耕和秸秆覆盖、施肥、刈割、放牧、火烧、改变土地利用方式等对土壤净氮矿化产生影响（王常慧等，2004）。一般来说，适度放牧会增加土壤氮素的矿化，而重牧则会使土壤氮素矿化下降。施氮肥样地土壤氮素矿化大都高于未施氮肥样地。施用氮肥，可促进土壤原来有机氮的分解和释放，称为正激发效应，这一现象的机理不十分清楚，有 3 方面的原因：①施入的无机氮被微生物固定，促使原来有机质氮矿化、释放，施入的氮越多，原来有机氮矿化释放的氮也越多；②施入无机氮，可促进植物根系发育，从而通过根系的生物作用，促进氮的吸收；③施入无机氮，引起土壤化学和物理性质发生变化（如渗透压、pH 等）。多数研究认为，火烧后土壤中铵态氮浓度都有较大程度的增加，而硝态氮浓度则略有增加或者变化不大。火烧对氮素可利用性的影响程度，因火烧强度、频度和火烧时间而有所不同。Peter 等（2001）研究表明，在一定的植被覆盖度下，土壤氮素矿化速率随火烧频率的增加而增加。在新的生长季之前，火可以帮助除去多余的、品质差的死亡牧草。有时火有助于豆科牧草的进入。在牧草生长初期火烧后，可降低通过凋落物进入土壤的氮素通量，而对草原氮素的吸收以及下一生长季牧草的生长均无显著影响。刘碧荣等（2015）研究氮添加和刈割对内蒙古弃耕草地土壤氮矿化的影响发现，总氨化速率和硝化速率对刈割处理的响应不显著。

### 8.1.3　侵蚀-搬运-沉积体系土壤氮矿化

土壤侵蚀包括三个阶段：侵蚀、搬运和沉积，每个阶段对土壤氮动态都具有显著影响。在侵蚀开始阶段，团聚体破裂，受到其物理保护的有机质（包括氮）以溶解态或颗粒态分解矿化和运移而损失；在运移阶段，更多的团聚体破裂、溶解，使有机质被矿化，无机氮（铵态氮和硝态氮）被淋溶，增加氮在坡地的损失，但是同时在运移过程中矿物和有机质的混合以及新团聚体的形成可以降低氮的损失；在沉积阶段，受到侵蚀的土壤颗粒和土壤氮在沉积区积累。整个侵蚀过程对土壤氮的影响主要是侵蚀区土壤氮的消耗以及沉积区土壤氮的富集。氮损失量主要取决于侵蚀的类型和强度、运移的持续时间和沉积环境类型（Nadeu et al.，2012）。

在侵蚀区，由于一些有利条件（如温度、水分和团聚体破裂），土壤有机质矿化可能增加（Jacinthe et al.，2001；Lal，2003），而由于侵蚀导致的可分解的有机质含量降低，矿化也可能随之降低（Berhe et al.，2018；Quinton et al.，2010）。侵蚀过程中，土壤颗粒分离导致团聚体破裂，有机质暴露更易被微生物矿化（Lal，2003）。Van Hemelryck 等（2011）发现侵蚀区土壤有机质的矿化因为温度、水分和通气性的改变而加快，并且这个过程主要发生在侵蚀后的一周。然而，Don 等（2013）认为侵蚀区土壤中由于较少的有机质存在，具有较低的矿化速率。一般来说，易分解有机质含量随着侵蚀而不断降低，以及有机质含量较低的底土暴露，降低矿化速率。同时较大的侵蚀事件会导致侵蚀区植被生产力降低，从而降低了归还到土壤的植物残体数量，进一步加剧了矿化速率的降低。

在沉积区，土壤氮矿化仍存在较大争议。Stallard（1998）发现，由于侵蚀而导致大部分表土和有机质及养分从侵蚀区运移到沉积区。相对于侵蚀区，运移到沉积区的有机质由于被埋藏、团聚以及更高的土壤含水量，限制了好氧微生物的活动，降低了分解速率（Van Hemelryck et al.，2011；Berhe et al.，2012）。同时，侵蚀带走轻组部分，较小和较轻的土壤矿物和有机质在沉积区积累之后通过有机官能团和矿物表面的静电引力、配位交换反应和络合作用易产生有机矿物结合体，降低矿化风险，减少氮损失。相反，有研究表明沉积区表土具有较高的矿化速率（Quinton et al.，2010；Van Hemelryck et al.，2011）。同时，Lal（2003）发现，由于选择性侵蚀，大量不稳定性有机质运移至沉积区，促进微生物活动，增强矿化速率。此外，当沉积区水分含量过高时产生厌氧环境，发生氮的反硝化损失（产生氮的氧化物如 $N_2O$ 或 NO）。

土壤侵蚀导致侵蚀区的土壤氮储量低并且周转速率高，沉积区的土壤氮储量高并且滞留时间更长。相比侵蚀区,由于沉积区通常情况下水分和土壤有机质条件好,可能会促进 $N_2O$ 的释放。沉积区 $N_2O$ 释放对气候的负面影响可能会超过固碳的正面影响(Berhe et al.,2018)。

### 8.1.4 土壤侵蚀与土壤氮循环耦合模型

对于土壤侵蚀与土壤氮循环耦合模型,Shaffer 等(1987)建立了 NTRM 模型,用于评估土壤侵蚀对土地生产力、植物竞争、作物生长和水质的影响,其中较详细地模拟了土壤碳氮动态和径流等方面。Leonard 等(1987)建立了 GLEMAS 模型,模拟了土壤侵蚀与地表径流中氮的损失,用一级动力学方程模拟矿化、腐殖化、反硝化和氨挥发过程,用零级动力学方程模拟硝化过程。William 等(1995)建立的 EPIC 模型用于评估土壤侵蚀和耕作方式对生产力的影响,其中土壤内部氮循环过程用一级动力学方程模拟,同时也模拟了土壤侵蚀和地表径流中氮的损失。美国农业部研究所开发的 SWAT 模型是具有物理基础的流域尺度动态过程模型,包含水文、气象、泥沙、土壤温度、作物生长、养分等 8 个组件,可以模拟流域氮磷迁移过程。

## 8.2 淤地坝土壤氮矿化及对植被和水热因子的响应

土壤氮的净矿化是土壤有机氮的矿化和无机氮的生物固持这两个相反作用的总和。氮的有效性主要取决于土壤净氮矿化,因为土壤有机态氮基本不能被植物吸收利用,必须通过土壤微生物的矿化作用才能转化为可以被植物吸收利用的无机态氮形态。本章研究时间为 2017 年 5—10 月和 2018 年 4—10 月,在黄土高原神木、绥德、安塞、固原和长武原位测定了淤地坝和坡面 $0\sim10\text{cm}$ 和 $10\sim20\text{cm}$ 土层土壤无机氮含量,计算土壤净氮矿化速率,研究不同地点淤地坝和坡面土壤氮矿化及其季节性动态特征。

所有数据均以干土重为基础,净氨化速率($R_a$)、净硝化速率($R_n$)和净氮矿化速率($R_m$)的计算用培养后的铵态氮($NH_4^+$),硝态氮($NO_3^-$)和无机氮的值减去培养之前的值,计算公式如下:

$$R_a = \frac{NH_{4i+1}^+ - NH_{4i}^+}{t} \tag{8-1}$$

$$R_n = \frac{NO_{3i+1}^- - NO_{3i}^-}{t} \tag{8-2}$$

$$R_m = R_a + R_n \tag{8-3}$$

式中:$NH_{4i}^+$ 和 $NO_{3i}^-$ 为培养之前的土壤 $NH_4^+$ 和 $NO_3^-$ 含量;$NH_{4i+1}^+$ 和 $NO_{3i+1}^-$ 为培养之后的 $NH_4^+$ 和 $NO_3^-$ 含量;$t$ 为培养时间。

### 8.2.1　淤地坝土壤氮矿化地点差异

土壤 $R_a$ 和 $R_n$ 与土壤 $R_m$ 显著正相关（$P<0.001$），决定系数分别为 0.326 和 0.848，说明土壤净氮矿化主要是由硝化作用主导。土壤 $R_a$ 在黄土高原从北至南 5 个小流域差异不显著（$P>0.05$），土壤 $R_n$ 和 $R_m$ 由大到小依次为长武、安塞、神木、固原和绥德（$P<0.05$，图 8-1）。例如，长武、安塞、神木、固原和绥德 $R_m$ 的均值分别为 0.071mg/(kg·d)、0.054mg/(kg·d)、0.047mg/(kg·d)、0.019mg/(kg·d) 和 0.010mg/(kg·d)。土壤 $R_a$ 不受土层深度影响，$R_n$ 和 $R_m$ 均表现为 0～10cm 大于 10～20cm 土层，同时，不同地点间 $R_n$ 和 $R_m$ 的分布格局在 0～10cm 和 10～20cm 土层相似。不同地点的土壤

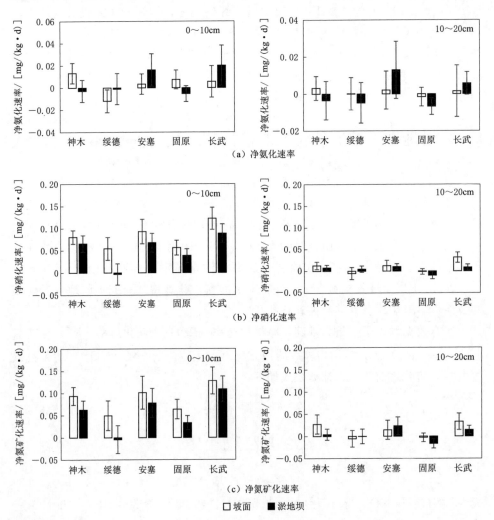

图 8-1　黄土高原不同地点淤地坝和坡面土壤净氨化速率、净硝化速率和净矿化速率

生物和非生物因素存在差异，导致土壤氮矿化存在空间异质性。本章研究结果显示土壤氮矿化与土壤有机碳、全氮、碳氮比、pH 和温度显著相关，而这些指标在不同地点呈现显著差异。

本章研究结果表明，土壤氮矿化速率在 $0\sim10$ cm 土层深度显著高于 $10\sim20$ cm 土层，与前人研究结果一致（Kong et al.，2019；Yao et al.，2019a）。表层更高的土壤净氮矿化速率和无机氮含量可能是由于表土有机质含量较高，因此具有较高的激发效应，且表土的通气性高于底土（Wei et al.，2011；Yao et al.，2019a），促进土壤氮矿化。例如，Wei 等（2011）研究了黄土高原不同土地利用方式下的土壤氮矿化特征，结果表明，土壤无机氮含量和净氮矿化速率在 $0\sim10$ cm 土层均显著高于 $10\sim20$ cm 土层。

总体而言，淤地坝土壤 $R_n$ 和 $R_m$ [0.028mg/（kg・d）和 0.030mg/（kg・d）] 显著小于坡面土壤 [0.046mg/（kg・d）和 0.050mg/（kg・d）]（$P<0.1$），但是 $R_a$ 在淤地坝和坡面土壤没有显著差异（$P>0.05$）。同时，淤地坝和坡面土壤 $R_n$ 和 $R_m$ 的差异仅存在于 $0\sim10$ cm 土层而不存在于 $10\sim20$ cm 土层，但是与研究地点无关。

## 8.2.2 淤地坝土壤氮矿化季节动态

如图 8-2 所示，$0\sim10$ cm 土层和 $10\sim20$ cm 土层土壤氮矿化速率有显著的季节动态变化特征，土壤 $R_a$、$R_n$ 和 $R_m$ 均表现为 2018 年 7—8 月、2018 年 6—7 月和 2017 年 5—6 月较高，而在 2017 年 10 月至 2018 年 4 月和 2018 年 8—9 月较低。同时，培养时间对土壤 $R_m$ 的影响在淤地坝大于坡面，淤地坝土壤 $R_n$ 的均值为 0.030mg/（kg・d），变异系数为 437%，而坡面土壤 $R_n$ 的均值为 0.050mg/（kg・d），变异系数为 301%。说明淤地坝土壤氮矿化的季节动态变化程度大于侵蚀坡面。

土壤侵蚀和沉积对原位土壤氮矿化的影响与研究时间有关，淤地坝和坡面土壤氮矿化速率的差异在 2018 年 7—8 月、2018 年 6—7 月和 2017 年 5—6 月较高，同时这些时间土壤氮矿化速率较高。而在非生长季 2017 年 10 月至 2018 年 4 月和 2018 年 8—9 月土壤氮矿化速率较低时，淤地坝和坡面土壤氮矿化速率差异不显著（$P>0.05$）。

## 8.2.3 淤地坝土壤氮矿化对植被的响应

2017 年和 2018 年 8 月在每个小流域淤地坝和坡面布设 $1m\times1m$ 样方框，剪除全部地上生物量，65℃下烘干至恒重，地上生物量信息见表 8-1。在黄土高原 5 个小流域建立了植被去除小区，于 2017 年 5—10 月和 2018 年 4—10 月原位测定土壤氮矿化，研究植被去除对淤地坝和坡面土壤氮矿化的影响。

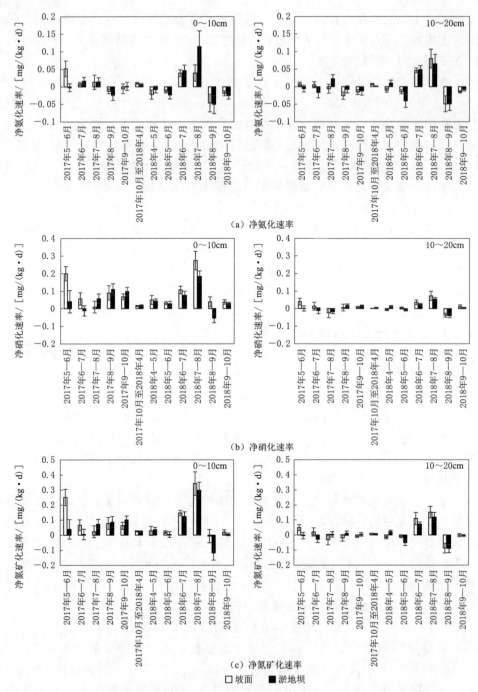

（a）净氨化速率

（b）净硝化速率

（c）净氮矿化速率

□坡面　■淤地坝

图 8-2　黄土高原淤地坝和坡面土壤净氨化速率、净硝化速率和净矿化速率季节动态

注：2017 年 5—6 月的净氮矿化速率为 2017 年 6 月无机氮含量减去 2017 年 5 月无机氮含量除以培养天数。其他同理。

表 8 - 1　　　　　　　　　　　黄土高原小流域地上生物量

| 地点 | 地形 | 地上生物量/(g/m²) | |
|---|---|---|---|
| | | 2017 年 | 2018 年 |
| 神木 | 坡面 | 271.67±22.06 | 302.22±34.57 |
| | 淤地坝 | 378.64±27.27 | 504.82±58.98 |
| 绥德 | 坡面 | 202.43±52.31 | 305.13±63.41 |
| | 淤地坝 | 200.75±51.98 | 243.73±36.00 |
| 安塞 | 坡面 | 130.01±9.42 | 170.13±24.68 |
| | 淤地坝 | 270.83±48.22 | 272.60±40.70 |
| 固原 | 坡面 | 53.86±11.11 | 114.16±17.96 |
| | 淤地坝 | 95.42±18.42 | 280.73±88.11 |
| 长武 | 坡面 | 181.70±6.35 | 423.56±6.12 |
| | 淤地坝 | 333.85±50.67 | 443.06±15.79 |

研究结果表明，植被去除小区土壤 $R_a$、$R_n$ 和 $R_m$［分别为 $-0.001$mg/(kg・d)、$0.039$mg/(kg・d) 和 $0.038$mg/(kg・d)］和 植 被 覆 盖 小 区 ［分 别 为 $0.003$mg/(kg・d)、$0.037$mg/(kg・d) 和 $0.040$mg/(kg・d)］差 异 不 显 著（$P>0.05$），植被去除的作用也不受到土层深度和地形的影响（图 8 - 3）。同时发现，在植被覆盖小区，淤地坝 $0\sim10$cm 土层土壤 $R_n$ 和 $R_m$ 显著大于坡面；但是植被去除小区，淤地坝和坡面土壤氮矿化没有显著差异。以上结果说明，短时期的植被去除并没有显著影响土壤氮矿化，但是植被去除削弱了淤地坝和坡面土壤氮矿化的差异。

### 8.2.4　淤地坝土壤氮矿化对水热因子的响应

对于植被覆盖小区，基于 2017 年和 2018 年连续监测数据，建立淤地坝和坡面土壤氮矿化和土壤含水量、土壤温度之间的线性关系（表 8 - 2）。对于坡面土壤，土壤 $R_a$ 与土壤含水量显著相关（$P<0.05$），而 $R_n$ 和 $R_m$ 与土壤含水量无显著相关关系（$P>0.05$）；土壤 $R_a$、$R_n$ 和 $R_m$ 均与土壤温度显著相关（$P<0.01$），随土壤温度的增大而显著增大。对于淤地坝土壤，土壤 $R_a$ 与土壤含水量和温度无显著相关关系（$P>0.05$）；土壤 $R_n$ 和 $R_m$ 均与土壤含水量和温度显著正相关（$P<0.05$），但是与土壤含水量的相关性更大。以上结果说明，土壤 $R_n$ 和 $R_m$ 比 $R_a$ 对水分和温度的变化响应更敏感，土壤 $R_n$ 和 $R_m$ 在淤地坝更易受到土壤含水量的调控，而在坡面更易受到土壤温度的调控。

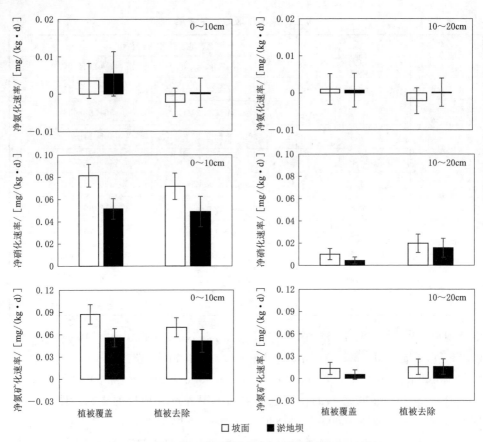

图 8-3 黄土高原淤地坝和坡面土壤植被覆盖和植被
去除处理净氨化速率、净硝化速率和净矿化速率

表 8-2 淤地坝和坡面土壤净氨化速率、净硝化速率和净氮矿化速率
与土壤含水量和土壤温度的线性相关关系

| 因变量 | 自变量 | 地形 | 斜 率 | | | 截 距 | | |
|--------|--------|------|--------|----------|------|--------|----------|------|
| | | | 估计值 | 标准误差 | $P$ | 估计值 | 标准误差 | $P$ |
| 净氨化速率 | 土壤含水量 | 坡面 | −0.001 | 0.001 | 0.031 | −0.016 | 0.014 | 0.263 |
| | | 淤地坝 | 0.000 | 0.001 | 0.470 | −0.004 | 0.011 | 0.694 |
| | 土壤温度 | 坡面 | 0.001 | 0.001 | 0.052 | −0.06 | 0.030 | 0.050 |
| | | 淤地坝 | 0.001 | 0.001 | 0.167 | 0.061 | 0.020 | 0.003 |
| 净硝化速率 | 土壤含水量 | 坡面 | 0.001 | 0.001 | 0.365 | −0.025 | 0.026 | 0.350 |
| | | 淤地坝 | 0.003 | 0.001 | 0.001 | −0.02 | 0.020 | 0.328 |
| | 土壤温度 | 坡面 | 0.004 | 0.001 | 0.001 | −0.032 | 0.023 | 0.165 |
| | | 淤地坝 | 0.002 | 0.001 | 0.039 | 0.033 | 0.015 | 0.030 |

| 因变量 | 自变量 | 地形 | 斜　率 | | | 截　距 | | |
|---|---|---|---|---|---|---|---|---|
| | | | 估计值 | 标准误差 | $P$ | 估计值 | 标准误差 | $P$ |
| 净氮矿化速率 | 土壤含水量 | 坡面 | −0.001 | 0.002 | 0.570 | −0.02 | 0.012 | 0.091 |
| | | 淤地坝 | 0.003 | 0.001 | 0.008 | 0.018 | 0.008 | 0.023 |
| | 土壤温度 | 坡面 | 0.006 | 0.002 | <0.001 | −0.01 | 0.019 | 0.598 |
| | | 淤地坝 | 0.003 | 0.002 | 0.031 | −0.017 | 0.014 | 0.238 |

土壤水分和温度显著影响土壤氮矿化。一些研究表明，净氮矿化与土壤温度显著正相关，但对土壤水分的敏感性较低（Sierra，1997）。而有研究表明，土壤水分在调节净氮矿化方面比土壤温度更重要，主要是干旱季节，土壤水分亏缺限制土壤氮矿化作用（Isaac et al.，2007）。如 Zhou 等（2009）研究内蒙古草地土壤氮矿化作用对火烧的响应，表明净氮矿化速率对土壤水分更加敏感，特别是在干旱年份。本章研究结果表明，土壤水分和温度对土壤净氮矿化的影响在侵蚀区和沉积区有所差异。

# 8.3　小结

本章概述了土壤氮形态转化的主要过程，包括氨化作用、硝化作用、反硝化作用、同化作用和铵离子的矿物固定。土壤氮矿化是土壤有机氮向无机氮的转化过程，是土壤氮循环的重要环节，受到植物、土壤动物、土壤微生物、环境因素和人类活动的影响。土壤侵蚀导致土壤氮的水平迁移，同时侵蚀沉积导致土壤质地、通气性、水分、温度等因素的改变进一步影响了土壤氮矿化过程和潜力。

本章研究了 2017—2018 年黄土高原由北至南神木、绥德、安塞、固原和长武 5 个地点小流域淤地坝和坡面原位土壤净氨化速率、净硝化速率和净氮矿化速率。研究结果表明，淤地坝土壤净硝化速率和净氮矿化速率显著小于坡面土壤，但是土壤净氨化速率差异不显著；土壤侵蚀和沉积的影响在 0～10cm 土层显著而在 10～20cm 土层不显著，同时土壤侵蚀和沉积的影响在夏季和秋季较高，与研究地点无关。通过植被去除实验发现，短时期的植被去除并没有显著影响土壤氮矿化，但是植被去除削弱了淤地坝和坡面土壤氮矿化的差异。土壤净硝化速率和净氮矿化速率比净氨化速率对水分和温度的变化响应更敏感，土壤净硝化速率和净氮矿化速率在淤地坝更易受到土壤含水量的调控，而在坡面更易受到土壤温度的调控。研究结果有助于深入认识土壤侵蚀和沉积作用下土壤氮的生物地球化学循环过程，为淤地坝氮循环过程预测和管理提供科学依据。

# 参 考 文 献

艾开开, 2019. 黄土高原淤地坝发展变迁研究. 杨凌: 西北农林科技大学.

陈祖煜, 李占斌, 王兆印, 2020. 对黄土高原淤地坝建设战略定位的几点思考. 中国水土保持, 9: 32-38.

崔利论, 袁文平, 张海成, 2016. 土壤侵蚀对陆地生态系统碳源汇的影响. 北京师范大学学报 (自然科学版), 52 (6): 816-822.

党维勤, 党恬敏, 高璐媛, 等, 2020. 黄土高原淤地坝及其坝系试验研究进展. 人民黄河, 42 (9): 141-145, 160.

党维勤, 郝鲁东, 高健健, 等, 2019. 基于 "7·26" 暴雨洪水灾害的淤地坝作用分析与思考. 中国水利, 8: 52-55.

鄂馨卉, 汪亚峰, 王林华, 等, 2021. 黄土典型坝系流域碳沉积特征及其源解析. 生态学报, 41 (2): 645-654.

方华军, 杨学明, 张晓平, 等, 2006. 耕作及水蚀影响下坡耕地土壤有机碳动态模拟. 土壤学报 (5): 730-735.

冯棋, 杨磊, 汪亚峰, 2019. 拦截坝生态系统服务研究进展. 土壤通报, 50 (4): 983-992.

胡春宏, 张晓明, 2020. 黄土高原水土流失治理与黄河水沙变化. 水利水电技术, 51 (1): 1-11.

黄昌勇, 徐建明, 2010. 土壤学. 北京: 中国农业出版社.

黄河水利委员会, 黄河上中游管理局, 1996. 黄河水土保持大事记. 西安: 陕西人民出版社.

黄土高原淤地坝调研组. 黄土高原区淤地坝专题调研报告, 2003. 中国水利, 5: 9-11.

惠波, 惠露, 郭玉梅, 2020. 黄土高原地区淤地坝 "淤满" 情况及防治策略. 人民黄河, 42 (05): 108-111, 115.

姜峻, 都全胜, 2008. 陕北淤地坝发展特点及其效益分析. 中国农学通报, 1: 503-509.

李仪祉, 1988. 李仪祉水利论著选集. 北京: 水利电力出版社.

李勇, 白玲玉, 2003. 黄土高原淤地坝对陆地碳贮存的贡献. 水土保持学报, 2: 1-4, 19.

林学名词审定委员会, 2016. 林学名词. 北京: 科学出版社.

刘碧荣, 王常慧, 张丽华, 等, 2015. 氮素添加和刈割对内蒙古弃耕草地土壤氮矿化的影响. 生态学报, 35 (19): 6335-6343.

刘宝元, 姚文艺, 刘国彬, 等, 2020. 黄土高原 "7·26" 特大暴雨洪水与水土保持效益综合考察报告. 北京: 科学出版社.

刘东升, 1985. 黄土与环境. 北京: 科学出版社.

刘晓燕, 2016. 黄河近年水沙锐减成因. 北京: 科学出版社.

刘晓燕, 高云飞, 马三保, 等, 2018. 黄土高原淤地坝的减沙作用及其时效性. 水利学报, 49 (2): 145-155.

刘晓燕, 高云飞, 王富贵, 2017. 黄土高原仍有拦沙能力的淤地坝数量及分布. 人民黄河,

39 (4)：1-5+10.

刘笑菡，张运林，殷燕，等，2012. 三维荧光光谱及平行因子分析法在 CDOM 研究中的应用. 海洋湖沼通报，3：133-145.

刘兆云，章明奎，2009. 侵蚀—沉积连续地形中土壤碳库的空间分异. 水土保持通报，29 (3)：61-65.

邵明安，2002. 土壤物理与生态环境建设研究文集. 西安：陕西科学技术出版社，75-90.

史志华，刘前进，张含玉，等，2020. 近十年土壤侵蚀与水土保持研究进展与展望. 土壤学报，57 (5)：1117-1127.

水利科技名词审定委员会，1997. 水利科技名词. 北京：科学出版社.

唐克丽，2004. 中国水土保持. 北京：科学出版社.

田昆，陈宝昆，贝荣塔，等，2003. In-situ 方法在研究退化土壤氮库时空变化中的应用. 生态学报，23 (9)：1937-1943.

土壤学名词审定委员会，1998. 土壤学名词. 北京：科学出版社.

王常慧，邢雪荣，韩兴国，2004. 草地生态系统中土壤氮素矿化影响因素的研究进展. 应用生态学报，11：2184-2188.

王光谦，钟德钰，吴保生，2020. 黄河泥沙未来变化趋势. 中国水利，1：9-12，32.

王晓峰，2017. 庄浪县淤地坝建设助力扶贫开发成效明显. 甘肃农业，23-24 (Z1)：126-128.

王云强，张兴昌，李顺姬，等，2007. 小流域土壤矿质氮与地形因子的关系及其空间变异性研究. 环境科学，28 (7)：1567-1572.

魏艳红，王志杰，何忠，等，2015. 延河流域 2013 年 7 月连续暴雨下淤地坝毁坏情况调查与评价. 水土保持通报，35 (3)：250-255，附图.

吴建国，徐德应，2004. 土地利用变化对土壤有机碳的影响—理论、方法和实践. 北京：中国林业出版社.

肖海兵，李忠武，聂小东，等，2016. 南方红壤丘陵区土壤侵蚀—沉积作用对土壤酶活性的影响. 土壤学报，53 (4)：881-890.

信忠保，蔡强国，宁堆虎，等，2022. 淤地坝与 check dam 的差异及其英文译法. 中国水土保持科学（中英文），20 (3)：102-108.

薛凯，杨明义，张凤宝，等，2015. 利用淤地坝泥沙沉积旋廻反演小流域侵蚀历史. 核农学报，25 (1)：115-120.

杨明义，田均良，刘普灵，等，2001. 137Cs 示踪研究小流域土壤侵蚀与沉积空间分布特征. 自然科学进展，1：73-77.

杨媛媛，2021. 黄河河口镇-潼关区间淤地坝拦沙作用及其拦沙贡献率研究. 西安：西安理工大学.

张凤宝，杨明义，张加琼，等，2018. 黄土高原淤地坝沉积泥沙在小流域土壤侵蚀研究中的应用. 水土保持通报，38 (6)：365-371.

张洪江，2000. 土壤侵蚀原理. 北京：中国林业出版社.

赵恬茵，王志兵，吴媛媛，等，2020. 淤地坝沉积泥沙解译小流域土壤侵蚀信息研究进展. 水土保持研究，27 (4)：400-404.

郑粉莉，王占礼，杨勤科，2008. 我国土壤侵蚀科学研究回顾和展望. 自然杂志，30 (1)：12-16，63.

郑纪勇，李裕元，邵明安，等，2006. 沟壁侧面蒸发与黄土高原环境旱化关系初探. 中国水土保持科学，3：6 – 10.

朱剑兴，王秋凤，何念鹏，等，2013. 内蒙古不同类型草地土壤氮矿化及其温度敏感性. 生态学报，33（19）：6320 – 6327.

朱世硕，夏彬，郝旺林，等，2020. 黄土区侵蚀坡面土壤微生物群落功能多样性研究. 中国环境科学，40（9）：4099 – 4105.

ACCOE F, BOECKX P, BUSSCHAERT J, et al, 2004. Gross N transformation rates and net N mineralisation rates related to the C and N contents of soil organic matter fractions in grassland soils of different age. Soil Biology and Biochemistry, 36（12）：2075 – 2087.

ADDISU S, MEKONNEN M, 2019. Check dams and storages beyond trapping sediment, carbon sequestration for climate change mitigation, Northwest Ethiopia. Geoenvironmental Disasters, 6：4.

AGORAMOORTHY G, CHAUDHARY S, HSU MJ, 2008. The Check – dam route to mitigate India's water shortages. Natural Resources Journal, 48：565 – 583.

AKITA H, KITAHARA H, ONO H, 2014. Effect of climate and structure on the progression of wooden check dam decay. Journal of Forest Research, 19：450 – 460.

ANDRÉN O, KÄTTERER T, 1997. ICBM：The introductory carbon balance model for exploration of soil carbon balances. Ecological Applications, 7（4）：1226 – 1236.

AREVALO C B M, CHANG S X, BHATTI J S, et al, 2012. Mineralization potential and temperature sensitivity of soil organic carbon under different land uses in the parkland region of Alberta, Canada. Soil Science Society of America Journal, 76：241 – 251.

ASADI H, GHADIRI H, ROSE C W, et al, 2007. Interrill soil erosion processes and their interaction on low slopes. Earth Surface Processes and Landforms, 32：711 – 724.

BALOONI K, KALRO A H, KAMALAMMA A G, 2008. Community initiatives in building and managing temporary check – dams across seasonal streams for water harvesting in South India. Agricultural Water Management, 95：1314 – 1322.

BATISTA P V G, DAVIES J, SIL V A M L N, et al, 2019. On the evaluation of soil erosion models：Are we doing enough? Earth – Science Reviews, 197：102898.

BERHE A A, HARDEN J W, TORN M S, et al, 2008. Linking soil organic matter dynamics and erosion – induced terrestrial carbon sequestration at different landform positions. Journal of Geophysical Research：Biogeosciences, 113（G4）：G04039.

BERHE AA, BARNES RT, SIX J, et al, 2018. Role of Soil Erosion in Biogeochemical Cycling of Essential Elements：Carbon, Nitrogen, and Phosphorus. Annual Review of Earth and Planetary Sciences, 46（1）：521 – 548.

BERHE A A, HARDEN J W, TORN M S, et al, 2012. Persistence of soil organic matter in eroding versus depositional landform positions. Journal of Geophysical Research, 117：G02019.

BERHE A A, HARTE J, HARDEN J W, et al, 2007. The significance of the erosion – induced terrestrial carbon sink. BioScience, 57, 337 – 346.

BERHE A A, TORN M S, 2017. Erosional redistribution of topsoil controls soil nitrogen dynamics. Biogeochemistry, 132（1）：37 – 54.

BHAGAVAN S, RAGHU V, 2005. Utility of check dams in dilution of fluoride concentration in ground water and the resultant analysis of blood serum and urine of villagers, Anantapur District, Andhra Pradesh, India. Environmental Geochemistry & Health, 27: 97 - 108.

BLAKE W H, FICKEN K J, TAYLOR P, et al, 2012. Tracing crop - specific sediment sources in agricultural catchments. Geomorphology, 139 - 140: 322 - 329.

BOIX - FAYOS C, DE VENTE J, ALBALADEJO J, et al, 2009. Soil carbon erosion and stock as affected by land use changes at the catchment scale in Mediterranean ecosystems. Agriculture Ecosystems & Environment, 133: 75 - 85.

BOIX - FAYOS C, MARTÍNEZ - MENA M, CUTILLAS P P, et al, 2017. Carbon redistribution by erosion processes in an intensively disturbed catchment. Catena, 149: 799 - 809.

BOIX - FAYOS C, NADEU E, QUIÑONERO J M, et al, 2015. Sediment flow paths and associated organic carbon dynamics across a Mediterranean catchment. Hydrology and Earth System Sciences, 19: 1209 - 1223.

BORRELLI P, ROBINSON DA, FLEISCHER LR, et al, 2017. An assessment of the global impact of 21st century land use change on soil erosion. Nature Communications, 8: 2013.

BOWMAN WD, CLEVELAND CC, HALADA L, et al, 2008. Negative impact of nitrogen deposition on soil buffering capacity. Nature Geoscience, 1: 767 - 770.

BRONICK CJ, LAL R, 2005. Soil structure and management: a review. Geoderma, 124 (1 - 2): 3 - 22.

CAMBARDELLA C, ELLIOTT E, 1993. Carbon and nitrogen distribution in aggregates from cultivated and native grassland soils. Soil Science Society of America Journal, 57: 1071 - 1076.

CASTELLI G, OLIVEIRA L A A, ABDELLI F, et al, 2019. Effect of traditional check dams (jessour) on soil and olive trees water status in Tunisia. Science of The Total Environment, 690: 226 - 236.

CHAOPRICHA N T, MARÍN - SPIOTTA E, 2014. Soil burial contributes to deep soil organic carbon storage. Soil Biology & Biochemistry, 69: 251 - 264.

CHAPLOT V, COOPER M, 2015. Soil aggregate stability to predict organic carbon outputs from soils. Geoderma, 243, 205 - 213.

CHEN F X, FANG N F, WANG Y X, et al, 2017. Biomarkers in sedimentary sequences: Indicators to track sediment sources over decadal timescales. Geomorphology, 278: 1 - 11.

CHEN F, FANG N, SHI Z, 2016. Using biomarkers as fingerprint properties to identify sediment sources in a small catchment. Science of the Total Environment, 557, 123 - 133.

CHEN Y, SONG M, DONG M, 2002. Soil properties along a hillslope modified by wind erosion in the Ordos Plateau (semi - arid China). Geoderma, 106 (3): 331 - 340.

CHENG S, FANG H, ZHU T, et al, 2010. Effects of soil erosion and deposition on soil organic carbon dynamics at a sloping field in Black Soil region, Northeast China. Soil Science and Plant Nutrition, 56: 521 - 529.

CHENU C, PLANTE A F, 2006. Clay - sized organo - mineral complexes in a cultivation chronosequence: Revisiting the concept of the 'primary organo - mineral complex'. European Journal of Soil Science, 57: 596 - 607.

COLLINS A L, ZHANG Y, MCCHESNEY D, et al, 2012. Sediment source tracing in a lowland agricultural catchment in southern England using a modified procedure combining statistical analysis and numerical modelling. Science of the Total Environment, 414: 301 – 317.

CORY R M, MCKNIGHT D M, 2005. Fluorescence spectroscopy reveals ubiquitous presence of oxidized and reduced quinones in dissolved organic matter. Environmental Science and Technology, 39: 8142 – 8149.

CRAINE J M, FIERER N, McLauchlan K K, 2010. Widespread coupling between the rate and temperature sensitivity of organic matter decay. Nature Geoscience, 3 (12): 854 – 857.

CRUMSEY J M, LE MOINE J M, VOGEL C S, et al, 2014. Historical patterns of exotic earthworm distributions inform contemporary associations with soil physical and chemical factors across a northern temperate forest. Soil Biology and Biochemistry, 68: 503 – 514.

DAHLKE C H, BORK H R, 2012. Soil erosion and soil organic carbon storage on the Chinese Loess Plateau, In: Lal R, Lorenz K, Hüttl R F, et al (Eds.), Recarbonization of the biosphere: Ecosystems and the global carbon cycle. Springer Netherlands, Dordrecht, 83 – 98.

DE NIJS E A, CAMMERAAT E L H, 2020. The stability and fate of Soil Organic Carbon during the transport phase of soil erosion. Earth – Science Reviews, 201: 103067.

DERRIEN M, YANG L, HUR J, 2017. Lipid biomarkers and spectroscopic indices for identifying organic matter sources in aquatic environments: A review. Water Research, 112: 58 – 71.

DLUGOß V, FIENER P, OOST K V, et al, 2012. Model based analysis of lateral and vertical soil carbon fluxes induced by soil redistribution processes in a small agricultural catchment. Earth Surface Processes and Landforms, 37 (2): 193 – 208.

DOETTERL S, BERHE A A, NADEU E, et al, 2016. Erosion, deposition and soil carbon: A review of process – level controls, experimental tools and models to address C cycling in dynamic landscapes. Earth – Science Reviews, 154: 102 – 122.

DOETTERL S, CORNELIS JT, SIX J, et al, 2015. Soil redistribution and weathering controlling the fate of geochemical and physical carbon stabilization mechanisms in soils of an eroding landscape. Biogeosciences, 12 (5): 1357 – 1371.

DOETTERL S, OOST K V, SIX J, 2012a. Towards constraining the magnitude of global agricultural sediment and soil organic carbon fluxes. Earth Surface Processes and Landforms, 37 (6): 642 – 655.

DOETTERL S, SIX J, WESEMAEL B V, et al, 2012b. Carbon cycling in eroding landscapes: geomorphic controls on soil organic C pool composition and C stabilization. Global Change Biology, 18 (7): 2218 – 2232.

DU L, WANG R, GAO X, et al, 2020. Divergent responses of soil bacterial communities in erosion – deposition plots on the Loess Plateau. Geoderma, 358: 113995.

DUNGAIT J A J, HOPKINS D W, GREGORY A S, et al, 2012. Soil organic matter turnover is governed by accessibility not recalcitrance. Global Change Biology, 18: 1781 – 1796.

ESWARAN H, REICH P F, KIMBLE J M, et al, 2000. Global carbon stocks. In: Lal R, Kimble J M, Eswaran H, et al (Eds.), Global Change and Pedogenic Carbonate: CRC Press, Boca Raton, FL, 15 – 25.

FISSORE C, DALZELL B J, BERHE A A, et al, 2017. Influence of topography on soil organic carbon dynamics in a Southern California grassland. Catena, 149: 140 – 149.

FONTAINE S, BAROT S, BARRÉ P, et al, 2007. Stability of organic carbon in deep soil layers controlled by fresh carbon supply. Nature, 450 (7167): 277 - 280.

FU W, WANG X, WEI X, 2019. No response of soil N mineralization to experimental warming in a northern middle - high latitude agro - ecosystem. Science of The Total Environment, 659: 240 - 248.

FUENTES M, GONZÁLEZ - GAITANO G, GARCÍA - MINA J M, 2006. The usefulness of UV - visible and fluorescence spectroscopies to study the chemical nature of humic substances from soils and composts. Organic Geochemistry, 37: 1949 - 1959.

GALIA T, ŠKARPICH V, RUMAN S, et al, 2019. Check dams decrease the channel complexity of intermediate reaches in the Western Carpathians (Czech Republic) . Science of The Total Environment, 662: 881 - 894.

GALICIA S, NAVARRO - HEVIA J, MARTÍNEZ - RODRÍGUEZ A, et al, 2019. "Green", rammed earth check dams: A proposal to restore gullies under low rainfall erosivity and runoff conditions. Science of the Total Environment, 676: 584 - 594.

GAO H, QIU L, ZHANG Y, et al, 2013. Distribution of organic carbon and nitrogen in soil aggregates of aspen (*Populus simonii* Carr. ) woodlands in the semi - arid Loess Plateau of China. Soil Research, 51: 406 - 414.

GE N, WEI X, WANG X, et al, 2019. Soil texture determines the distribution of aggregate - associated carbon, nitrogen and phosphorous under two contrasting land use types in the Loess Plateau. Catena, 172: 148 - 157.

GIBBS, M M, 2008. Identifying source soils in contemporary estuarine sediments: a new compound - specific isotope method. Esturaies and Coasts, 31 (2): 344 - 359.

GONG X, JIANG Y, ZHENG Y, et al, 2018. Earthworms differentially modify the microbiome of arable soils varying in residue management. Soil Biology and Biochemistry, 121: 120 - 129.

GONZÁLEZ - ROMERO J, LUCAS - BORJA M E, PLAZA - ALVAREZ P A, et al, 2018. Temporal effects of post - fire check dam construction on soil functionality in SE Spain. Science of the Total Environment, 642: 117 - 124.

GREGORICH E G, GREER K J, ANDERSON D W, et al, 1998. Carbon distribution and losses: erosion and deposition effects. Soil and Tillage Research, 47 (3 - 4): 291 - 302.

GRIFFITH S M, SOWDEN F J, SCHNITZER M, 1976. The alkaline hydrolysis of acid - resistant soil and humic acid residues. Soil Biology and Biochemistry, 8 (6): 529 - 531.

GRIFFITHS B S, 1994. Microbial - feeding nematodes and protozoa in soil: Their effects on microbial activity and nitrogen mineralization in decomposition hotspots and the rhizosphere. Plant and Soil, 164 (1): 25 - 33.

GUNTIÑAS M E, LEIRÓS M C, TRASAR - CEPEDA C, et al, 2012. Effects of moisture and temperature on net soil nitrogen mineralization: A laboratory study. European Journal of Soil Biology, 48: 73 - 80.

GYSSELS G, POESEN J, BOCHET E, et al, 2005. Impact of plant roots on the resistance of soils to erosion by water: A review. Progress in Physical Geography, 29: 189 - 217.

HANCOCK G J, REVILL A T, 2013. Erosion source discrimination in a rural Australian catchment using compound - specific isotope analysis (CSIA) . Hydrological Processes,

27 (6): 923 – 932.

HARDEN J W, SHARPE J M, PARTON W J, et al, 1999. Dynamic replacement and loss of soil carbon on eroding cropland. Global Biogeochemical Cycles, 13 (4): 885 – 901.

HELMS J R, STUBBINS A, RITCHIE J D, et al, 2008. Absorption spectral slopes and slope ratios as indicators of molecular weight, source, and photobleaching of chromophoric dissolved organic matter. Limnology and Oceanography, 53: 955 – 969.

HISHI T, HIROBE M, TATENO R, et al, 2004. Spatial and temporal patterns of water – extractable organic carbon (WEOC) of surface mineral soil in a cool temperate forest ecosystem. Soil Biology and Biochemistry, 36: 1731 – 1737.

HU C, WRIGHT A L, LIAN G, 2019. Estimating the spatial distribution of soil properties using environmental variables at a catchment scale in the loess hilly area, China. International Journal of Environmental Research and Public Health. 16: 491.

HUGUET A, VACHER L, RELEXANS S, et al, 2009. Properties of fluorescent dissolved organic matter in the Gironde Estuary. Organic Geochemistry, 40: 706 – 719.

ISAAC M, TIMMER V, 2007. Comparing in situ methods for measuring nitrogen mineralization under mock precipitation regimes. Canadian Journal of Soil Science, 87 (1): 39 – 42.

ITSUKUSHIMA R, OHTSUKI K, SATO T, et al, 2019. Effects of sediment released from a check dam on sediment deposits and fish and macroinvertebrate communities in a small stream. Water, 11: 716.

JACINTHE P A, LAL R, 2001. A mass balance approach to assess carbon dioxide evolution during erosional events. Land Degradation & Development, 12 (4): 329 – 339.

JAFFRAIN J, GÉRARD F, MEYER M, et al, 2007. Assessing the quality of dissolved organic matter in forest soils using ultraviolet absorption spectrophotometry. Soil Science Society of America Journal, 71: 1851 – 1858.

KAISER K, GUGGENBERGER G, HAUMAIER L, 2004. Changes in dissolved lignin – derived phenols, neutral sugars, uronic acids, and amino sugars with depth in forested Haplic Arenosols and Rendzic Leptosols. Biogeochemistry, 70: 135 – 151.

KIRKELS F M S A, CAMMERAAT L H, KUHN N J, 2014. The fate of soil organic carbon upon erosion, transport and deposition in agricultural landscapes – A review of different concepts. Geomorphology, 226: 94 – 105.

KLEBER M, EUSTERHUES K, KEILUWEIT M, et al, 2015. Mineral – organic associations: Formation, properties, and relevance in soil environments. Advances in Agronomy, 130: 1 – 140.

KONG W B, YAO Y F, ZHAO Z N, et al, 2019. Effects of vegetation and slope aspect on soil nitrogen mineralization during the growing season in sloping lands of the Loess Plateau. Catena, 172: 753 – 763.

KRAUSE L, KLUMPP E, NOFZ I, et al, 2020. Colloidal iron and organic carbon control soil aggregate formation and stability in arable Luvisols. Geoderma, 374: 114421.

KUZYAKOV Y, BLAGODATSKAYA E. 2015. Microbial hotspots and hot moments in soil: Concept & review. Soil Biology & Biochemistry, 83: 184 – 199.

LAL R, 2003. Soil erosion and the global carbon budget. Environment International, 29 (4):

146

437 – 450.

LAL R，2004. Soil carbon sequestration impacts on global climate change and food security. Science，304 (5677)：1623 – 1627.

LAL R，2018. Digging deeper：A holistic perspective of factors affecting soil organic carbon sequestration in agroecosystems. Global Change Biology，24：3285 – 3301.

LAL R，PIMENTEL D，2008. Soil erosion：A carbon sink or source? Science，319 (5866)：1040 – 1042.

LENZI M A，COMITI F，2003. Local scouring and morphological adjustments in steep channels with check – dam sequences. Geomorphology，55：97 – 109.

Leonard R A，KNISEL W G，STILL D A，1987. GLEAMS：Groundwater loading effects of agricultural management systems. Transactions of the ASAE，30 (5)：1403 – 1418.

LI H，ZHU H，WEI X，et al，2021. Soil erosion leads to degradation of hydraulic properties in the agricultural region of Northeast China. Agriculture Ecosystems & Environment，314：107388.

LI P，XU G，LU K，et al，2019. Runoff change and sediment source during rainstorms in an ecologically constructed watershed on the Loess Plateau，China. Science of The Total Environment，664：968 – 974.

LI X J，YANG H T，SHI W L，et al，2018. Afforestation with xerophytic shrubs accelerates soil net nitrogen nitrification and mineralization in the Tengger Desert，Northern China. Catena，169：11 – 20.

LI Z A，PENG S K，RAE D J，et al，2001. Litter decomposition and nitrogen mineralization of soils in subtropical plantation forests of southern China，with special attention to comparisons between legumes and non – legumes. Plant and Soil，229 (1)：105 – 116.

LI Z，XIAO H，TANG Z，et al，2015. Microbial responses to erosion – induced soil physico – chemical property changes in the hilly red soil region of southern China. European Journal of Soil Biology，71：37 – 44.

LIU C，DONG Y，LI Z，et al，2017a. Tracing the source of sedimentary organic carbon in the Loess Plateau of China：An integrated elemental ratio，stable carbon signatures，and radioactive isotopes approach. Journal of Environmental Radioactivity，167：201 – 210.

LIU C，LI Z，BERHE A A，et al，2019. Characterizing dissolved organic matter in eroded sediments from a loess hilly catchment using fluorescence EEM – PARAFAC and UV – Visible absorption：Insights from source identification and carbon cycling. Geoderma，334：37 – 48.

LIU C，LI Z，CHANG X，et al，2018a. Soil carbon and nitrogen sources and redistribution as affected by erosion and deposition processes：A case study in a loess hilly – gully catchment，China. Agriculture Ecosystems & Environment，253：11 – 22.

LIU C，LI Z，CHANG X，et al，2018b. Apportioning source of erosion – induced organic matter in the hilly – gully region of loess plateau in China：Insight from lipid biomarker and isotopic signature analysis. Science of the Total Environment，621：1310 – 1319.

LIU C，LI Z，DONG Y，et al，2017b. Do land use change and check – dam construction affect a real estimate of soil carbon and nitrogen stocks on the Loess Plateau of China? Ecological Engineering，101：220 – 226.

LIU S, BLISS N, SUNDQUIST E, et al, 2003. Modeling carbon dynamics in vegetation and soil under the impact of soil erosion and deposition. Global Biogeochemical Cycles, 17 (2): 1074.

LIU Z, SHAO M, WANG Y, 2011. Effect of environmental factors on regional soil organic carbon stocks across the Loess Plateau region, China. Agriculture, Ecosystems & Environment, 142 (3): 184 – 194.

LÜ Y, SUN R, FU B, et al, 2012. Carbon retention by check dams: Regional scale estimation. Ecological Engineering, 44: 139 – 146.

MARSH W M, 2010. Landscape planning: Environmental applications. 5th ed. Danvers, MA: John Wiley & Sons, Inc, 267.

MARTÍNEZ – MENA M, ALMAGRO M, GARCÍA – FRANCO N, et al, 2019. Fluvial sedimentary deposits as carbon sinks: organic carbon pools and stabilization mechanisms across a Mediterranean catchment. Biogeosciences, 16: 1035 – 1051.

MCKNIGHT D M, BOYER E W, WESTERHOFF P K, et al, 2001. Spectrofluorometric characterization of dissolved organic matter for indication of precursor organic material and aromaticity. Limnology and Oceanography, 46: 38 – 48.

MCLAUCHLAN K K, 2006. Effects of soil texture on soil carbon and nitrogen dynamics after cessation of agriculture. Geoderma, 136 (1 – 2): 289 – 299.

MEKONNEN M, GETAHUN M, 2020. Soil conservation practices contribution in trapping sediment and soil organic carbon, Minizr watershed, northwest highlands of Ethiopia. Journal of Soils and Sediments, 20: 2484 – 2494.

MEYERS P A, 2003. Applications of organic geochemistry to paleolimnological reconstructions: A summary of examples from the Laurentian Great Lakes. Organic Geochemistry, 34: 261 – 289.

MONGIL – MANSO J, DIAZ – GUTIERREZ V, NAVARRO – HEVIA J, et al, 2019. The role of check dams in retaining organic carbon and nutrients. A study case in the Sierra de Avila mountain range (Central Spain) . Science of the Total Environment, 657: 1030 – 1040.

MURALIDHARAN D, 2007. Evaluation of check – dam recharge through water – table response in ponding area. Current Science 92 (10): 1350 – 1352.

NADEU E, BERHE A A, DE VENTE J, et al, 2012. Erosion, deposition and replacement of soil organic carbon in Mediterranean catchments: a geomorphological, isotopic and land use change approach. Biogeosciences, 9 (3): 1099 – 1111.

NADEU E, DE VENTE J, MARTÍNEZ – MENA M, et al, 2011. Exploring particle size distribution and organic carbon pools mobilized by different erosion processes at the catchment scale. Journal of Soils and Sediments, 11: 667 – 678.

NADEU E, GOBIN A, FIENER P, et al, 2015a. Modelling the impact of agricultural management on soil carbon stocks at the regional scale: the role of lateral fluxes. Global Change Biology, 21: 3181 – 3192.

NADEU E, QUINONERO – RUBIO J M, DE VENTE J, et al, 2015b. The influence of catchment morphology, lithology and land use on soil organic carbon export in a Mediterranean mountain region. Catena, 126: 117 – 125.

148

NADEU E, VAN OOST K, BOIX - FAYOS C, et al, 2014. Importance of land use patterns for erosion - induced carbon fluxes in a Mediterranean catchment. Agriculture Ecosystems & Environment, 189: 181 - 189.

NGO - CONG D, ANTILLE D L, VAN GENUCHTEN M T, et al, 2021. A modeling framework to quantify the effects of compaction on soil water retention and infiltration. Soil Science Society of America Journal, 85: 1931 - 1945.

NICHOLS M H, POLYAKOV V O, NEARING M A, et al, 2016. Semiarid watershed response to low - tech porous rock check dams. Soil Science, 181: 275 - 282.

NOVARA A, KEESSTRA S, CERDÀ A, et al, 2016. Understanding the role of soil erosion on $CO_2 - C$ loss using $^{13}C$ isotopic signatures in abandoned Mediterranean agricultural land. Science of Total Environment, 550: 330 - 336.

OADES J M, WATERS A G, 1991. Aggregate hierarchy in soils. Australian Journal of Soil Research, 29: 815 - 828.

OHNO T, 2002. Fluorescence inner - filtering correction for determining the humification index of dissolved organic matter. Environmental Science & Technology, 36: 742 - 746.

OLSON K R, AL - KAISI M, LAL R, et al, Impact of soil erosion on soil organic carbon stocks. Journal of Soil and Water Conservation, 2016, 71 (3): 61A - 67A.

PARK J H, MEUSBURGER K, JANG I, et al, 2014. Erosion - induced changes in soil biogeochemical and microbiological properties in Swiss Alpine grasslands. Soil Biology and Biochemistry, 69: 382 - 392.

PETER B, REICH D W P, DAVID A, 2001. Fire and vegetation effects on productivity and nitrogen cycling across a forest - grassland continuum. Ecology, 82 (6): 1703 - 1719.

PHOCHAYAVANICH R, KHONSUE W, KITANA N, 2012. Effect of check dams on amphibian assemblages along ephemeral streams in a tropical deciduous forest in Thailand. Asian Herpetological Research, 3: 175 - 183.

PITON G, CARLADOUS S, RECKING A, et al, 2017. Why do we build check dams in Alpine streams? An historical perspective from the French experience. Earth Surface Processes and Landforms, 42: 91 - 108.

POLYAKOV V O, NICHOLS M H, MCCLARAN M P, et al, 2014. Effect of check dams on runoff, sediment yield, and retention on small semiarid watersheds. Journal of Soil and Water Conservation, 69: 414 - 421.

QUINTON J N, GOVERS G, VAN OOST K, et al, 2010. The impact of agricultural soil erosion on biogeochemical cycling. Nature Geoscience, 3 (5): 311 - 314.

RAN L, LU X. X, XIN Z, 2014. Erosion - induced massive organic carbon burial and carbon emission in the Yellow River basin, China. Biogeosciences, 11: 945 - 959.

RAN L, TIAN M, FANG N, et al, 2018. Riverine carbon export in the arid to semiarid Wuding River catchment on the Chinese Loess Plateau. Biogeosciences, 15: 3857 - 3871.

REMAÎTRE A, VAN ASCH T W J, MALET J - P, et al, 2008. Influence of check dams on debris - flow run - out intensity. Natural Hazards and Earth System Sciences, 8: 1403 - 1416.

ROMERO - DÍAZ A, MARIN - SANLEANDRO P, ORTIZ - SILLA R, 2012. Loss of soil fertility estimated from sediment trapped in check dams. South - eastern Spain. Catena, 99:

42 – 53.

ROSENBLOOM N A, DONEY S C, SCHIMEL D S, 2001. Geomorphic evolution of soil texture and organic matter in eroding landscapes. Global Biogeochemical Cycles, 15 (2): 365 – 381.

RUMPEL C, KÖGEL – KNABNER I, 2011. Deep soil organic matter – a key but poorly understood component of terrestrial C cycle. Plant and Soil, 338: 143 – 158.

SADEGHIAN N, VAEZI A R, MAJNOONIHERIS A, et al, 2021. Soil physical degradation and rill detachment by raindrop impact in semi – arid region. Catena, 207: 105603.

SAIKAWA E, PRINN R, DLUGOKENCKY E, et al, 2014. Global and regional emissions estimates for $N_2O$. Atmospheric Chemistry and Physics, 14 (9): 4617 – 4641.

SALOMÉ C, NUNAN N, POUTEAU V, et al, 2010. Carbon dynamics in topsoil and in subsoil may be controlled by different regulatory mechanisms. Global Change Biology, 16: 416 – 426.

SCHIETTECATTE W, GABRIELS D, CORNELIS W M, et al, 2008. Enrichment of organic carbon in sediment transport by interrill and rill erosion processes. Soil Science Society of America Journal, 72: 50 – 55.

SCHIMELPFENIG D. W, COOPER D. J, CHIMNER R A, 2014. Effectiveness of ditch blockage for restoring hydrologic and soil processes in mountain peatlands. Restoration Ecology, 22: 257 – 265.

SCHMIDT M W I, TORN M S, ABIVEN S, et al, 2011. Persistence of soil organic matter as an ecosystem property. Nature, 478 (7367): 49 – 56.

SHAFFER M J, LARSON W E, 1987. NTRM, A soil – crop simulation model for nitrogen, tillage, and crop – residue management. USA: USDA/ARS/ Conservation Research Report, 34 – 41.

SHANG P, LU Y, DU Y, et al, 2018. Climatic and watershed controls of dissolved organic matter variation in streams across a gradient of agricultural land use. Science of the Total Environment, 612: 1442 – 1453.

SHARMA P, LAOR, Y, RAVIV M, et al, 2017. Green manure as part of organic management cycle: Effects on changes in organic matter characteristics across the soil profile. Geoderma, 305: 197 – 207.

SHEN P, ZHANG L M, ZHU H, 2016. Rainfall infiltration in a landslide soil deposit: Importance of inverse particle segregation. Engineering Geology, 205: 116 – 132.

SHI P, ZHANG Y, LI P, et al, 2019. Distribution of soil organic carbon impacted by land – use changes in a hilly watershed of the Loess Plateau, China. Science of the Total Environment, 652: 505 – 512.

SHUKLA M K, LAL R, 2005. Erosional effects on soil physical properties in an on – farm study on alfisols in west central Ohio. Soil Science, 170 (6): 445 – 456.

SIERRA J, 1997. Temperature and soil moisture dependence of N mineralization in intact soil cores. Soil Biology and Biochemistry, 29 (9 – 10): 1557 – 1563.

SIX J, CONANT R T, PAUL E A, et al, 2002. Stabilization mechanisms of soil organic matter: Implications for C – saturation of soils. Plant and Soil, 241 (2): 155 – 176.

SIX J, ELLIOTT E T, PAUSTIAN K, 2000. Soil macroaggregate turnover and microaggregate formation: A mechanism for C sequestration under no – dtillage agriculture. Soil Biology and Biochemistry, 32 (14): 2099 - 2103.

SMAILL S J, CLINTON P W, GREENFIELD L G, 2009. Legacies of organic matter removal: Decreased microbial biomass nitrogen and net N mineralization in New Zealand Pinus radiata plantations. Biology and Fertility of Soils, 46 (4): 309 - 316.

SMITH S V, RENWICK W H, BUDDEMEIER R W, et al, 2001. Budgets of soil erosion and deposition for sediments and sedimentary organic carbon across the conterminous United States. Global Biogeochemical Cycles, 15 (3): 697 - 707.

SMITH S V, SLEEZER R O, RENWICK W H, et al, 2005. Fates of eroded soil organic carbon: Mississippi basin case study. Ecological Applications, 15 (6): 1929 - 1940.

SPACCINI R, MBAGWU J S C, IGWE C A, et al, 2004. Carbohydrates and aggregation in lowland soils of Nigeria as influenced by organic inputs. Soil & Tillage Research, 75: 161 - 172.

STALLARD R F, 1998. Terrestrial sedimentation and the carbon cycle: Coupling weathering and erosion to carbon burial. Global Biogeochemical Cycles, 12 (2): 231 - 257.

STEINMULLER H E, HAYES M P, HURST N R, et al, 2020. Does edge erosion alter coastal wetland soil properties? A multi - method biogeochemical study. Catena, 187: 104373.

STEVENSON F J, COLE M A, 1999. Carbon, nitrogen, phosphorus, sulfur, micronutrients. John Wiley & Sons.

STEWART C, PAUSTIAN K, CONANT R, et al, 2007. Soil carbon saturation: Concept, evidence and evaluation. Biogeochemistry, 86: 19 - 31.

SUN C, XUE S, CHAI Z, et al, 2016. Effects of land - use types on the vertical distribution of fractions of oxidizable organic carbon on the Loess Plateau, China. Journal of Arid Land, 8: 221 - 231.

TAN W F, ZHANG R, CAO H, et al, 2014. Soil inorganic carbon stock under different soil types and land uses on the Loess Plateau region of China. Catena, 121: 22 - 30.

TONG, L S, FANG N F, XIAO H B, et al, 2020. Sediment deposition changes the relationship between soil organic and inorganic carbon: Evidence from the Chinese Loess Plateau. Agriculture Ecosystems & Environment, 302: 107076.

TRUMBORE S, 2009. Radiocarbon and soil carbon dynamics. Annual Review of Earth and Planetary Sciences, 37 (1): 47 - 66.

URAKAWA R, SHIBATA H, KUROIWA M, et al, 2014. Effects of freeze - thaw cycles resulting from winter climate change on soil nitrogen cycling in ten temperate forest ecosystems throughout the Japanese archipelago. Soil Biology and Biochemistry, 74: 82 - 94.

VAN HEMELRYCK H, GOVERS G, VAN OOST K, et al, 2011. Evaluating the impact of soil redistribution on the in situ mineralization of soil organic carbon. Earth Surface Processes and Landforms, 36 (4): 427 - 438.

VAN OOST K, GOVERS G, QUINE T A, et al, 2005. Landscape - scale modeling of carbon cycling under the impact of soil redistribution: The role of tillage erosion. Global Biogeochemical Cycles, 19 (4): GB4014.

VAN OOST K, GOVERS G, VAN MUYSEN W, 2003. A process - based conversion model for caesium - 137 derived erosion rates on agricultural land: An integrated spatial approach. Earth Surface Processes and Landforms, 28 (2): 187 - 207.

VAN OOST K，QUINE T A，GOVERS G，et al，2007. The impact of agricultural soil erosion on the global carbon cycle. Science，318 (5850)：626 – 629.

VAN OOST K，VERSTRAETEN G，DOETTERL S，et al，2012. Legacy of human – induced C erosion and burial on soil – atmosphere C exchange. Proceedings of the National Academy of Science of the United States of America，109 (47)：19492 – 19497.

VANDENBYGAART A J，GREGORICH E G，HELGASON B L，2015. Cropland C erosion and burial：Is buried soil organic matter biodegradable? Geoderma，239 – 240：240 – 249.

WAGNER S，CATTLE S R，SCHOLTEN T，2007. Soil – aggregate formation as influenced by clay content and organic – matter amendment. Journal of Plant Nutrition and Soil Science，170：173 – 180.

WANG S，FU B，PIAO S，et al，2016. Reduced sediment transport in the Yellow River due to anthropogenic changes. Nature Geoscience，9：38 – 41.

WANG X，CAMMERAAT E L H，CERLI C，et al，2014a. Soil aggregation and the stabilization of organic carbon as affected by erosion and deposition. Soil Biology & Biochemistry，72：55 – 65.

WANG X，CAMMERAAT E L H，KALBITZ K，2020. Erosional effects on distribution and bioavailability of soil nitrogen fractions in Belgian Loess Belt. Geoderma，365：114231.

WANG X，CAMMERAAT E L H，ROMEIJN P，et al，2014b. Soil organic carbon redistribution by water erosion – The role of $CO_2$ emissions for the carbon budget. Plos One，9 (5)：e96299.

WANG X，CAMMERAAT L H，WANG Z，et al，2013. Stability of organic matter in soils of the Belgian Loess Belt upon erosion and deposition. European Journal of Soil Science，64 (2)：219 – 228.

WANG X，SANDERMAN J，YOO K，2018a. Climate – dependent topographic effects on pyrogenic soil carbon in southeastern Australia. Geoderma，322：121 – 130.

WANG Y，CHEN L，GAO Y，et al，2014c. Carbon sequestration function of check – dams：A case study of the Loess Plateau in China. AMBIO，43：926 – 931.

WANG Y，FANG N，TONG L，et al，2017. Source identification and budget evaluation of eroded organic carbon in an intensive agricultural catchment. Agriculture Ecosystems & Environment，247，290 – 297.

WANG Y，FU B，CHEN L，et al，2011. Check dam in the loess plateau of China：engineering for environmental services and food security. Environmental Science & Technology，45 (24)：10298 – 10299.

WANG Y，RAN L，FANG N，et al，2018b. Aggregate stability and associated organic carbon and nitrogen as affected by soil erosion and vegetation rehabilitation on the Loess Plateau. Catena，167：257 – 265.

WANG Z，DOETTERL S，VANCLOOSTER M，et al，2015a. Constraining a coupled erosion and soil organic carbon model using hillslope – scale patterns of carbon stocks and pool composition：Simulating SOC pool composition. Journal of Geophysical Research：Biogeosciences，120 (3)：452 – 465.

WANG Z，OOST K V，GOVERS G，2015b. Predicting the long – term fate of buried organic

152

carbon in colluvial soils. Global Biogeochemical Cycles, 29 (1): 65 – 79.

WEI X, MA T, WANG Y, et al, 2016. Long – term fertilization increases the temperature sensitivity of OC mineralization in soil aggregates of a highland agroecosystem. Geoderma, 272: 1 – 9.

WEI X, REICH P B, HOBBIE S E, et al, 2017. Disentangling species and functional group richness effects on soil N cycling in a grassland ecosystem. Global Change Biology, 23 (11): 4717 – 4727.

WEI X, SHAO M, FU X, et al, 2011. The effects of land use on soil N mineralization during the growing season on the northern Loess Plateau of China. Geoderma, 160 (3 – 4): 590 – 598.

WEINTRAUB S R, TAYLOR P G, PORDER S, et al, 2015. Topographic controls on soil nitrogen availability in a lowland tropical forest. Ecology, 96 (6): 1561 – 1574.

WEISHAAR J L, AIKEN G R, BERGAMASCHI B A, et al, 2003. Evaluation of specific ultraviolet absorbance as an indicator of the chemical composition and reactivity of dissolved organic carbon. Environmental Science & Technology, 37: 4702 – 4708.

WIAUX F, VANCLOOSTER M, CORNELIS J T, et al, 2014. Factors controlling soil organic carbon persistence along an eroding hillslope on the loess belt. Soil Biology and Biochemistry, 77: 187 – 196.

WILLIAMS J R, 1995. , The EPIC model. In: Singh VP, ed. Computer Models of Watershed Hydrology. Highlands Ranch, CO: Water Resources Publications, 909 – 1000.

XIAO H, LI Z, CHANG X, et al, 2017. Soil erosion – related dynamics of soil bacterial communities and microbial respiration. Applied Soil Ecology, 119: 205 – 213.

XIAO H, LI Z, CHANG X, et al, 2018a. Microbial $CO_2$ assimilation is not limited by the decrease in autotrophic bacterial abundance and diversity in eroded watershed. Biology and Fertility of Soils, 54: 595 – 605.

XIAO H, LI Z, CHANG X, et al, 2018b. The mineralization and sequestration of organic carbon in relation to agricultural soil erosion. Geoderma, 329: 73 – 81.

XU M, LI Q, WILSON G, 2016. Degradation of soil physicochemical quality by ephemeral gully erosion on sloping cropland of the hilly Loess Plateau, China. Soil & Tillage Research, 155: 9 – 18.

YAO Y, KONG W, WANG Z, et al, 2023a. Distribution of soil physical and hydraulic properties between erosion and deposition topographies in five small catchments from north to south on the Loess Plateau of China. Catena, 222: 106891.

YAO Y, LIU J, WANG Z, et al, 2020. Responses of soil aggregate stability, erodibility and nutrient enrichment to simulated extreme heavy rainfall. Science of the Total Environment, 709: 136150.

YAO Y, SHAO M, FU X, et al, 2019a. Effect of grassland afforestation on soil N mineralization and its response to soil texture and slope position. Agriculture, Ecosystems & Environment, 276: 64 – 72.

YAO Y, SONG J, WEI X, 2022. The fate of carbon in check dam sediment. Earth – Science Reviews, 103889.

YAO Y, WEI X, KONG W, et al, 2023b. Variations in the concentration, composition, and sources of WEOM in erosion and deposition landscapes over an erosion intensity gradient on the Loess Plateau of China. Catena, 222: 106846.

YAO Y, ZHAO Z, WEI X, et al, 2019b. Effects of shrub species on soil nitrogen mineralization in the desert – loess transition zone. Catena, 173: 330 – 338.

YUE T, YIN S, XIE Y, et al, 2022. Rainfall erosivity mapping over People's Republic of China based on high – density hourly rainfall records, Earth System Science Data, 14: 665 – 682.

ZENG Y, FANG N, SHI Z, 2020a. Effects of human activities on soil organic carbon redistribution at an agricultural watershed scale on the Chinese Loess Plateau. Agriculture Ecosystems & Environment, 303: 107112.

ZENG Y, FANG N, SHI Z, et al, 2020b. Soil organic carbon redistribution and delivery by soil erosion in a small catchment of the Yellow River Basin. Journal of Geophysical Research: Biogeosciences, 125: e2019JG005471.

ZHANG C, LIU G, XUE S, et al, 2013. Soil organic carbon and total nitrogen storage as affected by land use in a small watershed of the Loess Plateau, China. European Journal of Soil Biology, 54: 16 – 24.

ZHANG H, LIU S, YUAN W, et al, 2016. Loess Plateau check dams can potentially sequester eroded soil organic carbon. Journal of Geophysical Research: Biogeosciences, 121: 1449 – 1455.

ZHANG X, LI Z, NIE X, et al, 2019. The role of dissolved organic matter in soil organic carbon stability under water erosion. Ecological Indicators, 102: 724 – 733.

ZHANG Y, ZHAO D, LIN J, et al, 2020. Impacts of collapsing gullies on the dynamics of soil organic carbon in the red soil hilly region of southeast China. Catena, 190: 104547.

ZHAO B, LI Z, LI P, et al, 2017. Spatial distribution of soil organic carbon and its influencing factors under the condition of ecological construction in a hilly – gully watershed of the Loess Plateau, China. Geoderma, 296: 10 – 17.

ZHAO Z, WEI X, WANG X, et al, 2019. Concentration and mineralization of organic carbon in forest soils along a climatic gradient. Forest Ecology and Management, 432: 246 – 255.

ZHOU L, HUANG J, LÜ F, et al, 2009. Effects of prescribed burning and seasonal and interannual climate variation on nitrogen mineralization in a typical steppe in Inner Mongolia. Soil Biology and Biochemistry, 41 (4): 796 – 803.

ZHU B, GUTKNECHT J L M, HERMAN D J, et al, 2014. Rhizosphere priming effects on soil carbon and nitrogen mineralization. Soil Biology and Biochemistry, 76: 183 – 192.

ZSOLNAY A, BAIGAR E, JIMENEZ M, et al, 1999. Differentiating with fluorescence spectroscopy the sources of dissolved organic matter in soils subjected to drying. Chemosphere, 38: 45 – 50.

ZSOLNAY Á, 2003. Dissolved organic matter: artefacts, definitions, and functions. Geoderma 113: 187 – 209.

ZUO F L, LI X Y, YANG X F, et al, 2020. Soil particle – size distribution and aggregate stability of new reconstructed purple soil affected by soil erosion in overland flow. Journal of Soils and Sediments, 20: 272 – 283.